検証・大規模林道

『検証・大規模林道』編集委員会　編著

緑風出版

全国の大規模林道

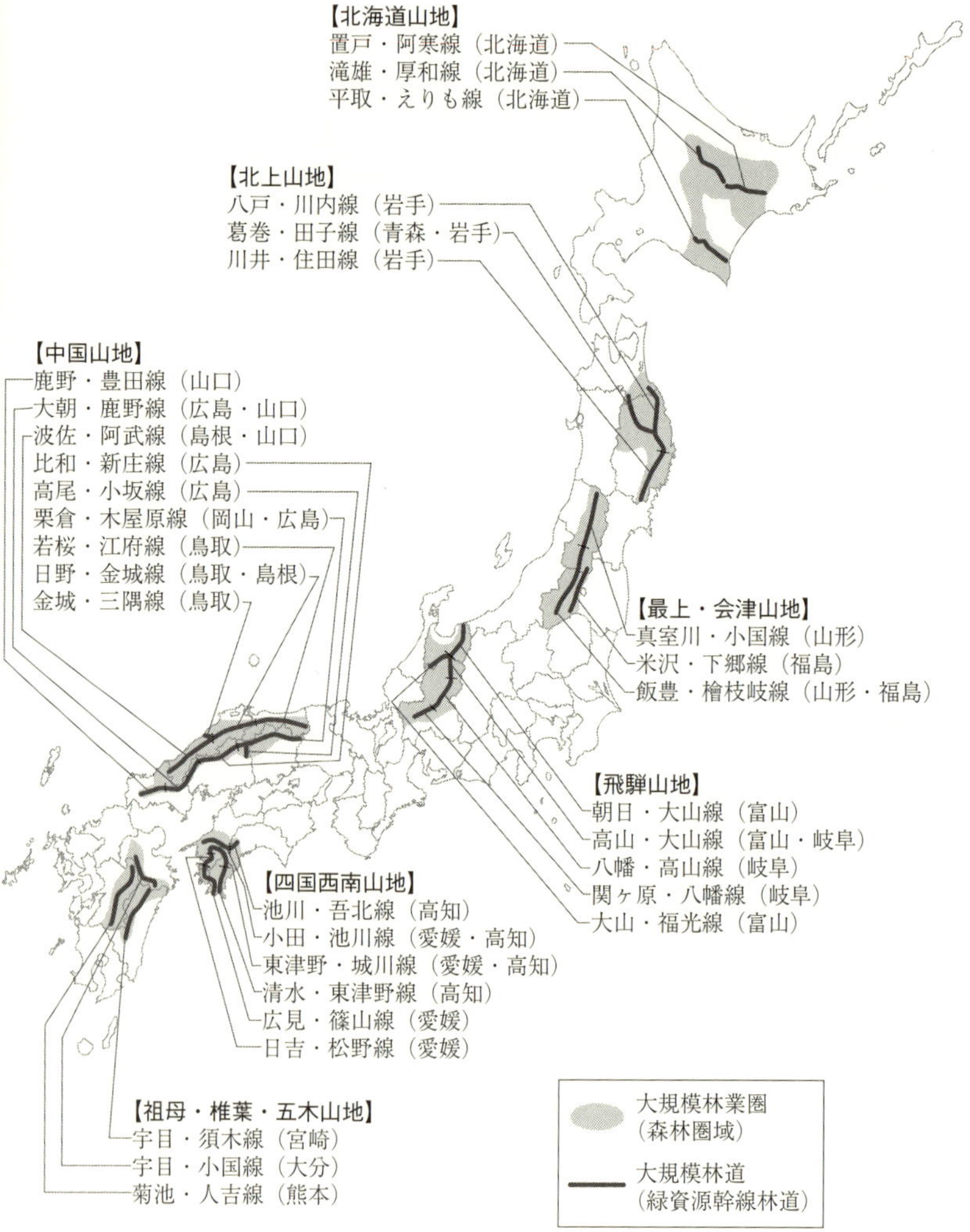
【北海道山地】
置戸・阿寒線（北海道）
滝雄・厚和線（北海道）
平取・えりも線（北海道）
【北上山地】
八戸・川内線（岩手）
葛巻・田子線（青森・岩手）
川井・住田線（岩手）
【中国山地】
鹿野・豊田線（山口）
大朝・鹿野線（広島・山口）
波佐・阿武線（島根・山口）
比和・新庄線（広島）
高尾・小坂線（広島）
栗倉・木屋原線（岡山・広島）
若桜・江府線（鳥取）
日野・金城線（鳥取・島根）
金城・三隅線（鳥取）
【最上・会津山地】
真室川・小国線（山形）
米沢・下郷線（福島）
飯豊・檜枝岐線（山形・福島）
【飛騨山地】
朝日・大山線（富山）
高山・大山線（富山・岐阜）
八幡・高山線（岐阜）
関ヶ原・八幡線（岐阜）
大山・福光線（富山）
【四国西南山地】
池川・吾北線（高知）
小田・池川線（愛媛・高知）
東津野・城川線（愛媛・高知）
清水・東津野線（高知）
広見・篠山線（愛媛）
日吉・松野線（愛媛）
【祖母・椎葉・五木山地】
宇目・須木線（宮崎）
宇目・小国線（大分）
菊池・人吉線（熊本）
大規模林業圏
（森林圏域）
大規模林道
（緑資源幹線林道）

目次

検証・大規模林道

発刊にあたって　原　敬一（葉山の自然を守る会）　9

大規模林道問題全国ネットワーク集会の記録　新野祐子（葉山の自然を守る会）　15

全国ネットワーク結成まで・15
全国ネットワーク集会の歩み・16

北海道の大規模林道　寺島一男（大雪と石狩の自然を守る会）　55

はじめに・55
変転した大規模林道計画・56
突き崩された事業推進の論拠・59
立ちはだかった壁・62
背中を押してくれた「緑の医師団」・64
剥がれ落ちた衣・66
重要な現地調査・69
冬の時代を乗り越えて・71
未曾有の大惨事・75
最後の山場を迎えて・79

おわりに・81

岩手の大規模林道　奥畑充幸（早池峰の自然を考える会）86

大規模林道との出会い・86
費用対効果分析・88
全国大会・90
地質学者の警鐘・91
官製談合・95
今、北上山系の森は・97
北上山系開発・102
東日本大震災・106

ブナ帯からの反撃　山形の大規模林道阻止闘争　原　敬一（葉山の自然を守る会）113

葉山について・113
1　葉山の自然を守る会結成以前・114
2　阻止闘争第一期（一九八六年〜九〇年）・118
3　阻止闘争第二期（一九九一年〜九五年）・131
4　阻止闘争第三期（一九九六年〜九八年）・144

5　中止が決まってから・153
葉山神の怒り・155

福島の大規模林道――ブナの森の叫び！　東瀬　紘一（博士山ブナ林を守る会）　157

一　福島原発事故と森林・158
二　大規模林道（山のみち）の見直しについて・162
三　博士山麓林道大滝線の問題について・170

富山の大規模林道　増田準三（元立山連峰の自然を守る会）　178

高山・大山線（有峰線）・180
朝日・大山線・185
大山・福光線・186
おわりに・190

広島の大規模林道　金井塚務（広島フィールドミュージアム）　193

一　はじめに・193

二　要望・要請の運動（市民を巻き込んだ大衆運動）――お願いの反対運動の限界・196
三　環境保全調査検討委員会を監視する・201
四　強制力を持つ運動へ・207
五　監査請求から住民訴訟へ・216
六　形式敗訴・実質勝訴の判決――受益者賦課金への補助金支出は違法・221
七　大規模林道問題は終わっていない――受益者賦課金の返還運動へ・227

四国の「大規模林道という幽霊」　西原博之（愛媛自然誌研究会）　229
大規模林道との出会い・229
歓迎一色・233
大規模林道延命の理由付け・236
地元は支持しているのか・239
林業のない村に大規模林道が・242
必要な環境アセスメント法改正・244
愛媛で全国集会を開催・247

政官業の癒着にまみれた緑資源機構　臺宏士（フリーランス・ライター）　252
官製談合で廃止・252

公取委は三〇一件を認定・253
二一業者を行政処分・258
元機構理事に有罪判決・262
元公団理事が考案・266
「専門性」を強調・272
機構本体は不問・274
「談合金」疑惑・278
現職閣僚ら三人が自殺・282
一四県で継続・284

生き延びる大規模林道　樋口　由美（葉山の自然を守る会）289

むすび　加藤彰紀（大規模林道問題全国ネットワーク元事務局長）294

大規模林道問題年表・299

発刊にあたって

原　敬一（葉山の自然を守る会）

好きだった作家に、高村薫（一九五三年二月生）がいる。『リヴィエラを撃て』を読んだ時の衝撃を、今でも鮮明に覚えている。その後、新作が発売されるたびに貪るように読んだ。高村薫の文庫本は、単行本を大幅に改めるから、文庫本も買うことになり、同じ書名の本が何冊も本棚に並ぶことになる。

しかし、二〇一〇年三月二十九日付『毎日新聞』、連載記事「時代を駆ける」を読んでから、高村薫に対する情熱は消失した。それは、勉強していない団塊の世代、と題した次の文章によってである。「彼らは勉強していない」「団塊世代の人たちはマルクス主義が正しいのか、自分で考えた気配がない」「子供がみな、勉強する意味を見失っています。やはり団塊の世代が悪いような気がする」「社会をリードする立場になったとき、下の世代の子供たちに何を教えたのか、腹が立ちます」と書いていた。

この記事を読んだとき、一九四八年生まれの私は、無性に腹が立った。大規模林道阻止闘争などの自然保護運動に関わったのは、団塊世代やその前後の世代が少なくなかった気がするからだ。高村薫の批判は正しいのかもしれないが、本を読みたい気持ちは急速に萎えた。鳥海山スキー場建設反対運動の先頭に立った榎本和介さん（酒田市）は私と同年であるが、最悪の誹謗中傷を浴びながらも、不屈の闘志で運動を勝利に導いた。

自然保護運動という六文字は、何とも歯痒く、或る意味で傲慢な響きを持つ。私は正直なところ、何も好き好んで自然保護運動などしたくはない、というのが本音である。しかたがないから、せざるを得ないから、やるのだ。筆者の場合は、人事委員会闘争の項で、その理由を書いた。

北海道から東北、広島、四国の大規模林道阻止の闘いを担ってきた友人たちは、それぞれ止むにやまれぬ状況があって運動に身を投じ、必死になって学習をした。あの強大な霞が関と闘うのだから、東大出の官僚たちと鍔迫り合いをするには、学ばずして何を得ることができよう。

一九九五年一月二十八日号の『週刊現代』に、橋本大二郎高知県知事が、同年一月五日付『朝日新聞』に、「大石武一元環境庁長官の呼びかけで、六月に大規模林道に反対する集会開催」の記事が掲載されたことについて、地方の視点が欠落している、参加者には地域の生活者がいない、自分は便利な都会に住みながら田舎には自然を残せと叫ぶのは都会人のわがままに過ぎない、等と批判した。

この『週刊現代』の記事に対して私は、同年三月二十四日号の『週刊金曜日』で反論した。事実を無視した許しがたい批難であった。知事からの反論はなかった。

九五年六月、東京で開催した第三回大規模林道問題全国ネットワーク集会は、阻止闘争に強大なエネルギーを注入した。事務局長に就任した加藤彰紀さんの、筆舌に尽くし難い活躍が始まる。

九八年十二月、公共事業チェックを実現する議員の会の衆議院議員佐藤謙一郎事務局長は、山形の大規模林道を中止に追い込み、森林開発公団廃止の道筋をつけた。

その後、官製談合事件を経て緑資源機構は廃止され、大規模林道は財務省の山のみち地域づくり交付金事業となる。

二〇〇九年十一月、北海道知事は、道内の大規模林道事業中止を表明。さらに、二〇一二年には広島県細見谷の大規模林道も中止が決まった。

なぜ、大規模林道阻止闘争は勝利することができたのか。それは、本書に収められた各地の報告に譲るとして、二〇〇八年の第十六回大規模林道問題全国ネットワーク広島集会を最後に、運動に関わったわれわれ自身も、各地の取り組みの詳報を把握する手段を無くしてしまった。本書を作る目的の一つは、この点にもある。

また、運動を積極的に推進した仲間で、鬼籍に入った方も少なくない。大石先生や岩垂さん、石井紘基さんなど、特に忘れられないのは、志半ばで、二〇〇五年に四十一歳の若さで亡くなった原哲之《のりゆき》さん（広島）。霞が関で会った時の、五月の蒼空のように澄み切った目の輝きを忘れることは出来ない。

二〇〇四年発行の『山形県史第七巻』、現代編下の「生活環境と社会運動」の項に、新全総と大規模林業圏開発構想のタイトルで、七頁にわたり、朝日・小国区間が採り上げられた。同じく、二〇〇二年発行の『山形県史・現代資料』の社会文化編（資料編23）にも、大規模林道に関する資料が二〇頁ほど収録された。このように、山形県史サイドから一定の評価がなされるようになった。さらに、『白鷹町史現代編』（二〇一四年十月）が刊行され、大規模林道事業について、奥歯に物が挟まったような内容であるが、「自然保護と地球環境を守ることが、これからのすべての事業に重要な課題になるという、大きな教訓を残した」と書いた。

そして、かつて阻止闘争を担った団塊の世代も現役を退き、早や六十路半ばを過ぎた。今が、阻止闘争史をまとめる秋《とき》なのだ。

地元で、権力に対峙し、否の声を上げるのは、常に少数の人々である。にもかかわらず、少数派が国を動かすことが出来たのは何故か。

当時、毎日新聞山形支局の記者であった吉田牧子さんは、次のような文章を書いた。「米沢通信部時代の三年間、孤独な報告を続けた毎日新聞の先輩臺宏士さん、大規模林道問題をほとんど黙殺してきた山形新聞の報道を一八〇度転換させた丹哲人さんらは、体を張って風向きを変えようとした記者だった。だが、彼らの報道姿勢を冷めた目で眺め、決して一行も書かなかった多くの記者がいたことを、あえて書き残しておきたい。一方、地方議員の大半が推進派一色の中で、自分の選挙区には全くかかわりがないのに、わざわざ朝日連峰まで足を運んだ政治家もまた、少数派の人々だった。しかし、選挙区への利益誘導型政治家が横行する中、一票にもならない行動をした政治家がわずかでもいたことを、忘れたくない」（『ブナ帯からの反撃』一九九七年）。

数の論理で勝負するのは、自民党や行政のやり方である。自然保護運動は、当然、少数派の市民運動である。少数派が、いかにして行政に勝つか。それは、「客観的事実」を、水戸黄門の印籠のように、いかに効果的に活用できるかにかかっている。決して、行政側の土俵に上がって勝負してはいけない。多数は正しい、という数の論理によって押し切られてしまうからである。

葉山の自然を守る会の切り札である客観的事実とは、自然保護運動を継続するなら職員を辞めろ、と強迫した上司の言質をとり、人事委員会で証明できたこと。二点目は、葉山一帯は花崗岩の深層風化地帯であり、工事を強行すれば、半永久的に土砂崩壊を起こすという警告が、九五年七月の大雨で工事中の道路が谷底へ大崩壊し現実のものとなったこと。三点目は、標高一〇〇〇メートルほどの愛染峠周辺に植栽したスギが生育できないという事実で、これは、林野庁の拡大造林政策の破綻を示す。そして四点目は、工事現場の至近距離に絶滅危惧種クマタカの営巣が確認されたことである。ここでいう客観的事実とは、多数決や力では動かせない真実のことである。

これらの客観的事実を、どこでどうアピールするか。山形県内にとどまっていたら、話にならない。全国レベルでの闘いを展開することは、大規模林道問題全国ネットワークによって可能であり、そして、「公共事業チェックを実現する議員の会」の存在がある。霞が関で佐藤謙一郎議員が、客観的事実を披瀝することにより、数の論理を凌駕することが可能となる。ついに再評価委員会は、この客観的事実を容認せざるを得なかった。

人事委員会闘争で、司令塔の存在であった佐藤欣也弁護士は、「蟻の群れが巨象を止めた」という実に興味深い一文を寄せている。「私などは、葉山の自然を守る会に結集した運動は、巨象におしつぶされようとする蟻の群れなのかと思わずにはおれなかった。しかし、この蟻の群れは、大道を歩く流れであることは、祖先から営々と築かれてきた自然と文化を破壊させてはならないとの思いを凝縮しており、そんなに簡単には押し潰されるはずはないとの確信めいたものを感じていたのも事実であるが。この運動の発展は、国家的事業であるが故に巨象に見えたが、この巨象が虚像であることを暴露し続けることに成功した。住民に利益をもたらさない自然破壊以外の何物でもないことを世論の前に明らかにしたのであった」（『ブナ帯からの反撃』）。

私は、大道を歩く流れとは、表現は異なるが「客観的事実」であると思いたい。

一九九六年十一月二十日の『ＴＢＳ　ニュース23』で、筑紫哲也キャスターは、大規模林道問題を取り上げ（約十分間）、次のように話した。

「私の郷里も山林地域ですが、この国の林業がおかれた立場は、非常に深刻です。大規模林道などという贅沢をやっている暇が無いほど深刻です。ですが、（山形の大規模林道の映像を）ご覧いただいたように、方向が間違っている。ゆがんでいる。重点の置き方が間違っている。なぜゆがんでいるかというと、道路を造ることが公共事業の軸になってしまっている。土建のための公共事業が多すぎて、林業関係者のための林野行政が行なわれていない、と言わざるを得ない」と、朝日・小国区間の工事を糾弾した。

筑紫哲也は惜しまれながら二〇〇八年に他界したが、大規模林道阻止闘争は、多くのジャーナリストの支持を得ることができた。快哉というべきであろう。

最後に、出版を快諾して下さった緑風出版高須次郎氏に深く感謝申し上げたい。

大規模林道問題全国ネットワーク集会の記録

新野祐子（葉山の自然を守る会）

全国ネットワーク結成まで

一九九〇年十月十三〜十五日、岩手県盛岡市で開催された「ブナ・原生林・自然を守る全国集会」に参加した。葉山の自然を守る会として、初めての全国規模の集会への参加であった。全体会で当会の原敬一代表は「朝日連峰の美しい自然を大規模林道から守ろう」と題して報告する機会を得た。この集会において、私たち葉山の自然を守る会は全国で活動する多くの市民団体を知ることができた。そしてこの集会は、「森と自然を守る全国集会」と改名され、翌年は奈良市で開かれることが決まった。

奈良集会に対し、私たちは九一年八月、第一分科会の「ブナ・原生林・里山」の分科会をA・Bの二つに分け、B小分科会を「林道」分科会とすることを集会事務局に要望し、快諾を得た。早速、全国の十数団体にこの旨を含め参加要請の文書を送付し、十一月九〜十一日の奈良集会で林道分科会が開設された。

奈良集会の林道分科会での報告は、①「都市生活者にとっての林道問題」森と水と土を考える会・森田修（広島）、②「広域基幹林道梅田・小平線建設反対における異議意見書の提出について」梅田鳴神の自然を守る会・山本芳正（群馬）、③「ふるさと森都市構想と丹波広域基幹林道、北山開発問題」京都右京環境問題研究会・榊原義道（京都）、④「博士山麓を貫く大規模林道への異議申し立て」博士山ブナ林を守る会・東瀬紘一（福島）、⑤「大規模林道、異議意見書でストップ」葉山の自然を守る会・新野祐子（山形）、以上であった。

私たちは近隣の東瀬さん（福島）と大規模林道問題全国ネットワークを結成した。集会を葉山の自然を守る会が準備することとし、一九九二年の「森と自然を守る全国集会・米沢集会」を経て、九三年に第一回ネットワーク集会が実現した。

次に第一回から十六回までの大規模林道問題全国ネットワーク集会の概要を記す。

全国ネットワーク集会の歩み

事務局・葉山の自然を守る会

第一回「朝日連峰のブナを守る集会」

一九九三年六月二十六・二十七日　山形県長井市勤労センター

一日目　現地見学　愛染峠から一・六キロメートル造成された大規模林道白鷹工区

二日目　基調講演「大規模林道――誰のための、何のための」

藤原信（宇都宮大学、リゾートゴルフ場問題全国連絡会代表）

パネルディスカッション

東瀬紘一（博士山ブナ林を守る会）、高橋孝夫（長井市議会議員）、高橋直英（南陽高校）、粟野宏（原生林・里山・水田を守る置賜ネットワーク）

約六〇名が参加。藤原教授は、「大規模林道は時限立法でできた森林開発公団の延命策に他ならない。建設業者を潤すのみで一切地域のためにはならない」と指摘した。

集会には二つのメッセージが届いた。一つは広島の「森と水と土を考える会」の森田修さんからの連帯のメッセージである。「環境・自然保護に対する世論の高まりの中で、ようやく行政でも針葉樹一辺倒から混交林に対する見直しがなされつつあります。（中略）環境・自然保護をファッションに終わらせないため、今後も『地球的に考え地域で行動しよう』をモットーに頑張るつもりです」。もう一つは今功夫山形県小国町長からであった。「大規模林道は林業を主体とする地域振興、良好な自然を利用した森林の総合利用の推進、山村地域の生活環境の改善を図るなど、地域活性化を促進するに重要な役割を果たすものであります。小国町には『白い森構想』があり、実現にとって大規模林道は極めて重要な役割を果たすものであります。（中略）昨年、米沢で開催された『原生林・里山・水田を守る全国集会』の現地見学で私から皆さんにごあいさつ申しあげ、ご説明したことにより、ご理解いただけたものと考えておりましたが、大規模林道工事に対し、（米沢集会で）反対の決議をされたことは残念でなりません。この度の集会では、是非、大規模林道についてのご理解を深めていただけるよう祈念します」。今町長は前年の米沢での集会において、自ら進んで現地に赴き、大規模林道の必要性を参加者に訴えた。

最後に、「葉山・荒ぶる神」を鎮めるための宣言を採択し、小国―朝日区間と飯豊・檜枝岐線大岩―海老山区間の中止を求め、宣言文を林野庁、森林開発公団はじめ関係機関に送付した。

なお、筆者はこの集会には出なかった。同日東京都内で地球環境女性連絡会が開いたセミナー「ラムサール条約と生物多様性条約」に、堂本暁子参議院議員からの誘いがあり参加したためである。分科会では「ブナと大規模林道」と題して、山形の大規模林道について話すことができた。堂本さんの知人の方が林野庁長官夫人と友人ということで、林野庁の関厚氏と国有林担当官を呼んでくれていた。堂本さんが関氏に「なぜ大規模林道が必要か」と質問したところ、「大規模といってもほんの幅五メートルの林道。小国町への迂回路として必要」と答え、会場からは大きなブーイングが起きた。高校生が白鷹町長に「大規模林道を止めてほしい」と手紙を書いたことを筆者が話したのが、多くの女性の心に届いたようだ。

事務局・博士山ブナ林を守る会

第二回「飯豊・朝日連峰と会津のブナ林を守る集い」

一九九四年六月二十五・二十六日　福島県会津若松市サンピア会津

一日目　現地見学　広域基幹林道、大規模林道飯豊・檜枝岐線

二日目　講演「日本の森をどう守るか」藤原信（宇都宮大学）

パネルディスカッション

第一分科会・自然保護と林道

司会・塩谷弘康（福島大学）、パネラー・寺島一男（大雪と石狩の自然を守る会）、原敬一（葉山の自然を守る会）、助川暢（小国の自然を守る会）、菅家博昭（博士山のブナ林を守る会）

94 年福島集会（6 月 29 日、会津若松市）

第二分科会・森と水と米作り
司会・天野昭一（滝谷川の清流を守る会）、パネラー・菅野芳秀（置賜百姓交流会）、小林芳正（いのちのネットワーク）、新国文英（グリーン・サービス）、太田庸雄（会津明神の里）、加藤彰紀（岩波ブナの会）、鈴木真也（会津復古会）

現地見学には約六〇名が参加。博士山周辺は天然記念物のイヌワシなどの生息地である。林道工事が環境アセスメントと野生生物への配慮なしに進められていることを確認。二日目は約一〇〇名と、地元の農業者の参加が多くあった。第一分科会の議論で、北海道においては大規模林道は忘れ去られていたが、改めて寺島氏らが問題視し取り上げた。ネットワークの輪は北海道へと広がった。

一日目の交流会は大規模林道を取材している若い新聞記者らの侃々諤々《かんかんがくがく》の議論もあり、夜更けまで盛り上がった。集会に、公害問題研究会の仲井富氏、『エネルギーと環境』編集長清水文雄氏、岩波ブナの会の加藤彰紀氏、日本渓流釣連盟の吉川栄一氏が参加した。彼らとの出会いは、大規模林道阻止の運動において、とても大きな出来事だった。私たちは当初から、全国にアピールする集会を東京で開くことを念願していたが、三回目にして叶うことになった。

第三回「大規模林道・ダム開発を問う東京集会」

事務局・同集会実行委員会
一九九五年六月二十四・二十五日　日本青年館

一日目　発起人代表挨拶　大石武一（緑の地球防衛基金代表・元環境庁長官）
メッセージ　天野礼子（長良川河口堰建設をやめさせる市民会議代表）
全国集会準備活動の経過報告　加藤彰紀（岩波ブナの会）
現場から　沖縄――やんばるの山を守る連絡会について　浦島悦子
　埼玉――地方自治法違反の林道建設　清水澄
　福島――蜂飼い農業者の立場から大規模林道に反対　松本雄鳳
　東京――公共事業の在り方を考える　池田敦子
シンポジウム「地球環境保全と林道」
問題提起「七つの大規模林業圏と大規模林道」藤原信（宇都宮大学）
パネラー・原敬一（葉山の自然を守る会）、浦島悦子（やんばるの山を守る連絡会）、杉浦幸子（白山の自然を考える会）、神原昭子（北海道ゴルフ場問題ネットワーク）、高見裕一（公共事業チェック

95年東京集会（6月24日、日本青年館）

機構議員の会）

二日目　スライド報告・菅家博昭（博士山ブナ林を守る会）、浦島悦子

報告・菅家博昭、河野昭一（生物多様性防衛ネットワーク・京都大学）、猪俣栄一（徳島自然林を守る会）、吉川栄一（日本渓流釣連盟）、大西将之（連峰スカイライン反対連合）、清水文雄（環境ジャーナリスト）

一五都道府県、五五団体、一六〇名を超える参加者があった。前年の福島集会終了後からの加藤彰紀氏、仲井富氏らの精力的な取り組みが実を結び、正式に「大規模林道問題全国ネットワーク」が発足した（準備期間等については、緑風出版『大規模林道はいらない』に詳細が記載されている）。代表委員に大石武一、藤原信、河野昭一。事務局長に加藤彰紀を選出した。集会アピール「ブナ帯からの反撃」を採択し、二十六日には代表委員を先頭に、林野庁、総務庁、環境庁への申し入れを行なった。いよいよ中央

に攻めのぼる前哨戦といえる集会であり、私たちの運動の大きなターニングポイントとなった。

第四回「ナキウサギと考える大雪山の自然——大規模林道と地域のあした」

事務局・大雪と石狩の自然を守る会

一九九六年七月六・七日　旭川市大雪クリスタルホール

一日目　記念講演「ナキウサギは語る」川道武男（大阪市立大学）

シンポジウム「大規模林道と地域のあした」

コーディネーター・藤原信（ネットワーク代表）

パネラー・石城謙吉（北海道大学）、保母武彦（島根大学）、俵浩三（北海道自然保護協会会長）、原敬一（葉山の自然を守る会）

司会・神原昭子（北海道ゴルフ場問題ネットワーク）

特別報告「北海道の自然は、いま」寺島一男（大雪と石狩の自然を守る会）

二日目　研究者と巡る自然実感ツアー

ツアーコンダクター・佐藤謙（北海道学園大学）、川道武男、俵浩三

①層雲峡の崖（柱状節理）と滝、②大雪原生林、③ナキウサギ（ごんぼねずみ）、④東ヌプカウシヌプリの風穴と士幌高原道路、⑤神秘の然別湖、⑥大規模林道

一日目の集会には全国各地から約二〇〇名が参加した。大石武一ネットワーク代表が駆けつけて、あいさつの中で、「北海道は環境破壊の跡だけで、来たくなかった。汚職・利権に利用されたのが北海道。観

96 年北海道集会（7 月 6 日、旭川市）

光が目玉なだけに観光と自然保護が対立している」と述べた。

　大雪山は日本一広い原生的な国立公園として知られているが、道路開削・ダム建設・スキー場開発・リゾート開発などの乱開発に晒されている。表大雪ではスキー場開発、裏大雪では士幌高原道路の工事が再開されようとしている。そして、北東部を縦断する滝雄・厚和線など総延長約三〇〇キロメートルの大規模林道建設が進められている。ここでは、氷河期の遺存種で、国内では大雪山周辺のみに生息する「ナキウサギ」を脅かしているとして、反対の声があげられた。

　講演で川道教授が、ナキウサギは自動車の排気ガスや高温に弱く、環境が大きく変わると生きていけなくなることを強調した。

　シンポジウムでは、保母教授が「住民は情報を入手し、アセスを行ない、環境を枠組みとした計画を代替案として提出する。地元の林業者や自治体の農林課は住民が何を望んでいるかに耳を傾けるべきだ」と述べた。これに対して藤原教授は「住民による科学的な調査やアセスはすでにやっているので、論理的に公団は勝てない段階にある。計画を中止に追い込む運動に高めていくことが大事だ」と反論した。ぎりぎりのところで闘っている者たちが、新しい戦術を編み出すために集まったのだ。

二日目は約一二〇名が、朝五時に大型バスに乗り込み、全行程五〇〇キロの現地見学に出掛けた。置戸・阿寒線建設予定地では、ナキウサギの鳴き声を聞くことができた。藤原教授は、木材搬出のためなら既存の林道にワイヤーを掛けるだけで十分、と指摘した。日程が終了したときは午後八時を回っていた。

山形で大規模林道を精力的に取材している山形新聞、朝日・毎日・読売新聞の各山形支局、河北新報山形支局の記者、それに東京新聞の若手記者が、ネットワーク集会一回目から参加しているが、今回も私たちの強力なメンバーであるかのごとく同行した（以後一五回まで大方続くこととなる）。東京新聞の石川徹也記者を中心に「山を考えるジャーナリストの会」を作って情報交換をしており、後に『ルポ・東北の山と森』（緑風出版、一九九六年）という本を出版している。

事務局・立山連峰の自然を守る会

第五回「富山集会」

一九九七年八月二十二日〜二十四日　富山市富山電気ビル

一日目　現地見学　大規模林道大山・高山線

二日目　現地見学　立山アルペンルート

三日目　集会

あいさつ　大石武一（ネットワーク代表）

経過報告　加藤彰紀（ネットワーク事務局長）

基調講演「山岳道路建設と自然破壊、その生態学的評価」河野昭一（ネットワーク代表）

「葉山のブナ林を大規模林道から守る」原敬一（葉山の自然を守る会代表）

パネルディスカッション　司会・河野昭一

パネラー　東瀬紘一（博士山ブナ林を守る会）、寺島一男（大雪と石狩の自然を守る会）、助川暢（小国の自然を守る会）、増田準三（立山連峰の自然を守る会）、石川徹也（東京新聞）、吉川栄一（日本渓流釣連盟）、井口博（弁護士）、藤原信（ネットワーク代表）

大山・高山線は標高一〇〇〇メートルの地点で建設されている。下は急峻な谷間になっている。林業振興とは全く関係のない道路であることは、ここでも明らかだ。現場監督らしい人が「監視するように言われたので」と、見学する私たちの後をずっとついてきた。

立山一帯の観光再開発をもくろむ「緑のダイヤモンド計画」はブナの立ち枯れ、湿原の破壊と無残な状態で、環境破壊以外の何物でもなかった。

最終日の集会には三〇団体、約一一〇名が参加した。冒頭、大石武一ネットワーク代表は、山形の朝日―小国区間が休止となったのは、地元のたゆまぬ努力の結果であるとともに、全国ネットに結集した「大規模林道はいらない」という全国の人々の力によるもの、と激励のあいさつをした。

前年十二月に林野庁は、大規模林道の平取・えりも線の様似―えりも区間（北海道）、真室川・小国線

97年富山集会（8月24日、富山市）

の朝日―小国区間（山形）、飯豊・檜枝岐線の山都区間（福島）の休止を決定した。葉山の自然を守る会の原代表が、休止に至るまでの十余年の経緯を基調講演の中で語り、再開の含みを残す「休止」を完全な「中止」とする運動を強める必要性を訴えた。

パネルディスカッションでは、井口博弁護士が九七年六月に成立した環境アセス法（正式には環境影響評価法）の問題点を挙げた。対象事業が狭い事業アセスであり、計画段階のアセスではない、第三者機関によるアセス評価がない、住民参加・情報公開が不十分などで、点数をつければ三〇点。しかし市民が積極的に意思表示すれば六〇点に持っていけると語った。藤原教授は、環境アセス法に大規模林道事業が対象事業として盛り込まれたのは「ネットワークが全国的に運動を高めていった成果」と述べた。

森林開発公団の事業が社会的・経済的な面からみてもいかに破綻しているかが、回を重ねるごとに浮き彫りにされる。集会の直前に、私たちのところに

「ＮＯＳＡＩおきたま」八月号（山形県置賜農業共済組合機関紙）が送られてきた。組合長である山形県選出の衆議院議員遠藤武彦氏の指示という。その中に、同議員が朝日―小国区間を視察した様子が書かれていた。

「森林開発公団による造林地は強い寒風と豪雪で、造林には向かないことが一目瞭然だ。愛染峠で握り飯での昼食を摂った。その上空をクマタカが悠然と飛翔していた。鬱蒼たるブナの原生林に棲息するこのクマタカやイヌワシは開発によって棲み家を追われ、やがて絶滅するのであろうか。アメリカ、カナダ、ドイツなどでは森林保安官、自然公園監視官が絶大な権限を与えられ、地球と人類の共同財産である森林や河川を破壊と汚染から守っている。森は海の恋人であり、海は生命の源だからである。行政改革を推進し、森林開発公団ではなく、森林保全公団に改めたほうがよい」。

「不塵」とサインがある。遠藤氏のペンネームだろうか。

事務局・博士山ブナ林を守る会

第六回「緑のダムで地球を守ろう」

一九九八年九月十二・十三日　福島県柳津町つきみヶ丘センター

一日目　現地見学　新宮川ダム／広域林道大滝線／大規模林道飯豊・檜枝岐線／西山地熱発電所／宮下ダム

二日目　講演「アメリカのダム問題について」鷲見一夫（新潟大学）

「大規模林道は必要か」藤原信（ネットワーク代表）

現地報告・寺島一男（大雪と石狩の自然を守る会）、奥畑充幸（早池峰の自然を考える会）、新野祐子（葉山の自然を守る会）、助川暢（小国の自然を守る会）、東瀬紘一（博士山ブナ林を守る会）、増田準三（立山連峰の自然を守る会）、梶谷敏夫（丹沢ブナ党）、高見優（イヌワシネットワーク）

元環境庁長官の岩垂寿喜男氏、岩佐恵美参議院議員はじめ約一〇〇名の参加があった。講演で藤原教授は、「もはや大規模林業圏構想は破綻しており、役目が終わった森林開発公団はすぐ廃止すべきだ。我々としても一つ一つの林道の問題を取り上げるだけではなく、今後はその根となっている公団をなくす運動を進めていかなければならない」と力説した。

現地報告では、九六年の秋に「クマゲラの棲息する森に川井・住田線が通ろうとしている」とネットワークに連絡をくれた奥畑さんが、岩手の大規模林道の問題を初めて報告した。

九七年度休止になった三区間を含む八区間の大規模林道事業が、九八年七月に再評価（時のアセス）の対象になった。筆者はこのことについて、「小国―朝日区間の再評価について、非公開で行なわれており、あと三カ月でどのような審議が行なわれるのか不安が大きい。山形県が設置した大規模林道に係わる調整会議では代替ルートの議論に終始しているが、投資に見合った効果は得られない」と報告した。

集会の最後に、再評価委員会を公開する、再評価委員会とネットワークとの話し合いを持つ、再評価の対象に川井・住田線を加える、など七項目を委員会メンバーに申し入れる採択を行なった。

集会に参加したネットワークのメンバーである政野淳子さんが、公共事業チェックを実現する議員の会の佐藤謙一郎衆議院議員の秘書をしているという。政野さんの働きかけで、十一月六日に佐藤議員、同じ

98年福島集会（9月13日、柳津町）

く議員の会の石井紘基衆議院議員による朝日—小国区間白鷹工区の視察が行なわれた。佐藤議員の尽力により、同二十四日、公共事業チェックを実現する議員の会は林野庁長官に対して、厳正な再評価を申し入れた。十二月十八日、国は朝日—小国区間の完全中止を発表した。大詰めに向かって一気に加速度がついた集会であった。

第七回「大規模林道・今までとこれから」

事務局・小国の自然を守る会

一九九九年八月二十八・二十九日　山形県小国町松風館

一日目　現地見学　小国工区　金目川原生林流域

二日目　基調講演「ブナ原生林と大規模林道」河野昭一（ネットワーク代表）

現地報告・寺島一男（大雪と石狩の自然を守る会）、奥畑充幸（早池峰の自然を考える会）、助川暢（小国の自然を守る会）、新野祐子（葉山の自然を守る会）、児島徳夫（博士山ブナ林を守る会）、増田準三（立山連峰の自然を守る会）、加藤彰紀（ネットワーク事務局）

二〇団体約一一〇名が参加した。小国の自然を守る会代表助川暢さんの案内による現地見学には、九八年十一月に白鷹工区を視察した佐藤謙一郎衆議院議員の参加があった。道路に亀裂が入り、がけ崩れを起こしている現場を見て、「なぜこんな道路を造ろうとしたのか」と驚きの声が多くの参加者から挙がった。次に、小国工区から遊歩道が伸びている「在所平」を見学した。世界有数のブナ林が広がっており、森林開発公団が九五年から行なった小国工区の環境影響評価調査報告書にも、「原生的自然植生域が大面積にわたってまとまって残存し、全国的価値に値する」とある。

二日目は、九六年と九七年の八月に金目川のブナ林の調査を行なった河野教授が講演した。世界・日本各地での調査・研究をスライドを使いながら紹介し、「秋田や山形のブナ林は大きな面積が手付かずに残され、群集生態学的にも遺伝構造的にも驚くほどの多様性を持っている」と説明した。「東北のブナ林は広い範囲で保護の網をかけ、世界遺産とすることを検討すべきだ。朝日連峰に『東北ブナの森保護研究センター』を設置し、どう保護するかを考え、議論していくことが必要」と強調した。

大会宣言では、白神山地の入山規制問題もあり、すぐに「世界遺産」を謳うことはしなかったが、東北のブナ林の保護施策の強化を国に求めていく方針を確認した。

一日目の交流会には、グリーンランド単独徒歩縦断、北磁極単独往復行などに成功した山形県最上町出身の冒険家大場満郎さんをゲストに招いた。翌日行なわれる葉っぱ塾（八木文明主宰）の葉山登山に講師として参加するため来町したのである。八六年、山形県が主催した若者を対象とする洋上大学で大場さん

99年小国集会（8月28日、山形県小国町）

と原代表は出会い、友人になった。大場さんには、九一年三月に発足した葉山の自然を守る会東京支部の名誉会長になってもらった経緯がある。ネットワーク結成以前、私たちは霞ヶ関にいかに乗り込むかを模索し続けたのだった。

この集会から十年にわたり、富士ゼロックス端数倶楽部の方々から多大な支援をいただいた。集会にも多数参加し盛り上げていただいた。

第八回「森と海の結っこ（結びつき）を考えよう」

事務局・早池峰の自然を考える会

二〇〇〇年九月三十・十月一日　休暇村陸中宮古

一日目　現地見学　川井・住田線横沢―荒川区間

各地からの報告　北海道／岩手／山形／福島／富山

二日目　講演「漁業者と北上山地」畠山重篤

（漁師）

「大規模林道の費用対効果比分析」　井上博夫（岩手大学）

地元の漁業関係者、岩佐恵美参議院議員、斎藤信岩手県議会議員はじめ、約一二〇名が参加した。一日目は、事務局の奥畑充幸さんの案内で現地見学を行なった。川井・住田線の沢という沢には、工事で出た大量の土が捨てられていた。一帯は土石流危険渓流に指定されているのに、完全に無視して工事が進められていた。また、法面が大きく切られ赤土が剥き出しになっている。水源を涵養してきた森が無残に伐採され、森の精霊の悲鳴が響き渡っているかのようだった。現地見学後、交流会の中で各地の報告が行なわれた。「負の遺産、愛媛の森が危ない」として、二〇〇〇年八月十二日から一二回にわたって大規模林道を取り上げた愛媛新聞の西原博之さんの参加があり、愛媛の大規模林道の現況を聞くことができた。

二日目の講師、牡蛎養殖業畠山さんは、『森は海の恋人』の著者として有名である。畠山さんは、海を豊かにするため、川の上流に植林活動を行なう漁業者の輪が広がっている様子を語った。世界三大漁場の一つともいわれる三陸海岸の海を支えているのは、広大な北上山地である。その北上山地が危機に瀕していることに、多くの漁業者が気づくこととなった。

岩手大学人文社会科学部の井上教授は、横沢—荒川区間について、事業開始の一九七六年から完成後四十年間を見越し、その間に発生する建設費・維持管理費に対して、木材運搬の時間短縮、運搬量の増加、一般車両の通行時間短縮などを「便益」として計算、比較を行ない結果をまとめた。この内容を二〇〇〇年三月十四日、県庁の記者クラブで発表したが、集会では更に詳しく報告された。

便益算出の際のシナリオは、①天然林伐採も行なわれ、人工林も理想的な造林・育林が行なわれた場

2000年宮古集会（9月30日、川井・住田線で）

合、②天然林伐採は行なわず、現状のままの造林・育林が継続された場合など、いくつかの場合を想定している。この中で最も効果が上がると期待される場合においても、その便益はおよそ一三億円で、建設費・維持管理費一五八億円に対して、およそ一四五億円の赤字という計算になる。公共事業評価に関して、井上教授のような手法を用いたのは初めてであろう。

集会アピールには、新たに四国西南山地大規模林道小田・池川線について、環境アセスメントを実施し、再評価対象事業にすることを盛り込んだ。

最後に奥畑さんの閉会のあいさつがあった。「民宿を営みながら岩手県の自然公園保護管理員をしている。九五年、大規模林道付近でのクマゲラ生息確認調査の案内人として参加し、ブナの生木にクマゲラの掘りかけの穴を見つけ、翌年春にはクマゲラの喰痕を発見した。このことを直ちに県に報告した。クマゲラは天然記念物だから、大規模林道工事は一時的にも止まると思った。しかし、一切公表されなかった。なぜ国民に知る権利を与えないのか、疑問に思い私は声をあげた。国のやることに否と言い出した私は、村でいじめを受けるようになっていった。様々な自然保護団体に伝えても、実際に動いてくれるところはどこにもなかった。九六年の秋、妻が購読している『週刊金曜日』の片隅に『大規模林道問題全国ネットワーク』の記事を見つけ、これだと思った。当時家に電話はなく、夜、土砂降りの雨の中を一〇キロメートル下の集落にある公衆電話に車を走らせた。事務局の加藤さんにつながった。すぐに加藤さんと藤原先生が飛んで来てくれた。やっと私を救ってくれ、共に闘う仲間と出会えた喜びは言葉にできなかった」。

聞く人の中に、激しい雨の中にポツンと立つ夜の公衆電話ボックスと、その中で受話器を握る奥畑さんの姿を想像し、涙しない人は一人もいなかっただろう。

事務局・森と水と土を考える会（広島県）

第九回「西中国山地は今」

二〇〇一年十月六・七日　広島市・戸河内町・吉和村

一日目　講演「公共事業と大規模林道」藤原信（ネットワーク代表）
「西中国山地は今」金井塚務（西中国山地自然史研究会）
現地からの報告（広島・愛媛）／全国からの報告

二日目　現地見学

一日目の全体集会会場の山陽荘には七〇余名が出席し、廊下までいっぱいになった。西日本初の集会に

2001 年広島集会の現地調査（10 月 7 日、戸河内―吉和区間で）

予想を上回る参加があった。藤原教授が講演。公共事業の中には国民生活に全く必要のないものがあることを指摘し、それらがなぜ見直されることもなく続けられるのかを解明し、大規模林道事業の無駄と緑資源公団の廃止を訴えた。

続いて、金井塚さん（霊長類行動学・生態学）が、西中国山地の森林がたたら製鉄や太平洋戦争による伐採で大きく損なわれたことに触れた上で、ツキノワグマをはじめタヌキやキツネ、サル、シカなど西中国山地に棲む動物たちの現状を、スライドを使いながら説明した。人間が行なう様々な開発行為が動物たちの生息条件を奪っている実態と、誤った保護の在り方を指摘し、動物たちが生きていける環境を取り戻すことの重要性を説いた。

現地からの報告では、山本栄治さん（山本森林生物研究所・愛媛）から大規模林道小田・池川線の現況報告があった。二〇〇〇年五月、山本さんらが工事予定区間でクマタカ、工事中の区間でオオタカを発見し、工事が中断された。このことについて、愛媛県小田町長は「山本と愛媛新聞がデタラメなことをやっている。そのために大規模林道が中断した」と発言した。山本さんが交渉して、後に町議会では「工事の中断は公団の自主的な判断によって」と変わったという。愛媛においても、大規模林道は林業振興に全く役に立たない実態が、山本さんの話から理解できた。オオタカ調査研究会の佐藤信博さんからは、大阪府泉南市で基幹的農業用道路開発事業を行なう緑資源公団の暴挙が報告された。

二日目はマイクロバスで戸河内―吉和区間に向かい、地元の吉和の自然を考える会の方々と合流。約五〇名が建設予定地の十方林道を歩いた。吉和の自然を考える会は、十方林道を舗装して大規模林道化することは問題があるとして、反対してきた。①観光道路として考えても、通過道路となってしまい、吉和にはゴミが落ちるだけになる、②車が通りやすくなると、排気ガスや風の通り方の変化でブナが枯れてしまう、③舗装だけの工事にしても、周囲の自然に悪影響がある、④地質的に見ても十方林道は崩れやすく、維持費は村が負担することになる、などの理由からである。十方林道を自動車乗り入れ禁止、禁漁区間にし、周辺を継承（学び）の森とするよう、村に提案している。これに対して村は、会代表の谷田二三さんに、「村に住めなくしてやる」と不当な圧力を加えている。

十方山の麓には、中国地方随一といわれる細見谷のブナ林が広がる。清流が流れ、山葡萄・蔦漆・やまぼうし・蔓にんじんなどが秋の色を深めている。そんな中でいただいた実行委員会手作りの鮎の塩焼きに鮎飯のおにぎりの美味しさは、忘れられない。

二〇〇一年十月四日に再選された藤田雄山広島県知事の血縁が、共同企業体として戸河内区間の工事を請け負っているという。ここにも金太郎飴的ゼネコンの構図があった。

第十回「愛媛の山、川、海の自然は今」

事務局・環瀬戸内海会議

二〇〇二年十一月十六・十七日　松山市男女共同参画推進センター

一日目　講演　藤原信（ネットワーク代表）

活動報告　藤田恵（元木頭村長）、山本栄治（山本森林生物研究所）

全国からの報告　加藤彰紀（ネットワーク事務局）、森田修（森と水と土を考える会）、新野祐子（葉山の自然を守る会）、奥畑充幸（早池峰の自然を考える会）、東瀬紘一（博士山ブナ林を守る会）

二日目　現地見学　小田・池川線

約六〇名の参加があった。事務局の環瀬戸内海会議は、瀬戸内海の自然環境を守ろうと一九九八年に立ち上げた団体である。はじめに代表の阿部悦子愛媛県議会議員からあいさつがあり、「廃棄物の埋め立て、砂利の採掘や無駄な公共事業により、瀬戸内海の藻場が喪失している。イカナゴは一九八九年、三三八トン獲れたのが十年後には六六トンに、アサリは同じく一一六トンが八トンに激減した」などの惨状が語られた。次に大洲市で計画されている山鳥坂ダムに反対する肱川漁協組合長の楠崎隆教さんから報告があった。肱川流域にこれまでいくつかダムが造られてきたが、水質の悪化が進んでいるという。公共事業をチェックする国会議員主催の説明会で、国土交通省は初めて、山鳥坂ダム計画が特定多目的ダム法に基づかないことを認めている。

藤原教授は講演の中で、林道と大規模林道の違いを説明した。「普通の林道は沢沿いに突っ込んで行き

02年愛媛集会の現地調査（11月17日、小田・池川線）

止まり。大規模林道は公道と公道を結ぶ峰越し。大型バスの乗り入れを可能にし、見晴らしの良い山頂部を通る。林道と名が付いているが実態は観光道路である。西日本の大規模林道は林業振興に役立っていると緑資源公団は言ってきたが、まったく逆で、緑資源公団は緑破壊公団である」と強調した。

四国からの報告として、徳島の藤田さんが、一九九三年細川内ダム計画に反対の声をあげ、七年かけて中止に追い込んだ経緯を語った。次に、愛媛の小田深山で長年、動植物の研究を続けている山本さんが報告した。①自然状態を保ち人間が制御しない自然林。人間が金銭的利益を得るためだけの人工林。森林生物と人間が同居する里山。これらを認識しなければ森との付き合い方がわからなくなる、②林道により木材運搬、作業現場への移動は容易になる。しかし、水の流れを変えてしまい水害の危険性を高め、保水力も低下させる。

林道建設は人工林に限定すべき、③大規模林道は林業振興にも観光にも役に立たない。最近は迂回路として効果が大きいと喧伝するが、安全性に問題がある、と指摘した。また、大規模林道を推進している自治体自体が林業の衰退化を促進しているのではないかと、疑問を投げかけた。山本さんは、小田深山の調査結果を『小田深山の自然』としてまとめ、全国的に見ても貴重な自然が残っている地域であることを明記している。

ネットワーク事務局長の加藤さんは、「特殊法人改革推進で林野庁は新規着工を凍結し、公団は独立行政法人に変わるが、反対運動の手綱を緩めるわけにはいかない。連携を強めよう」と呼びかけた。

二日目は、小田・池川線の上浮穴郡小田町（小田深山）と柳谷村（天狗高原付近）の工事現場を視察した。二カ所とも四国カルスト県立自然公園に位置するクマタカの生息地である。小田深山では工事が一時中断したが、非営巣期の九〜十一月に再開した。天狗高原付近は中断されることなく工事が続けられている。

スギの造林地が延々と続く中を車で走ると、小田深山に着いた。小田深山は、愛媛県に唯一残されたブナ原生林といわれている。好天の日曜日とあって、大型観光バスで来た人たちやマイカーの家族連れで賑わっていた。街の人々が自然と親しみ、野生生物が憩う、四国の数少ない自然林まで壊そうというのか。車窓から、全国で初めて全線開通した東津野・城川線を見たが、大手を振って造ったと言わんばかりの山岳ハイウェーがあり、そこには「公団幹線林道」という立派な標識があった。

ネットワークは翌日、集会で採択した「四国西南山地大規模林道の環境アセスメント実施ならびに工事中止を求める意見書」を携え、緑資源公団高知地方建設部を訪ねた。愛媛県内の全路線で環境アセスメントを実施せず工事を進めているのは、高知地方建設部の怠慢である。また、モニタリング調査など各種環境調査結果の公表については、高知地方建設部のみ公表をかたくなに拒んできた。この指摘を受けた高知地方建設部はしどろもどろで、まともな返答ができなかった。これまで正面から批判されることもなく、やりたい放題やってきた姿を垣間見た。

第十一回「『緑戻し・川戻し』の始まり」

事務局・葉山の自然を守る会

二〇〇三年六月十四・十五日　置賜生涯学習プラザ（山形県長井市）

一日目　講演「脱ダム社会について」田中康夫長野県知事

全国からの報告　阿部悦子（環瀬戸内海会議）、原戸祥次郎（森と水と土を考える会）、杉ノ下慶蔵（岐阜県高山市）、東瀬紘一（博士山ブナ林を守る会）奥畑充幸（早池峰の自然を考える会）、斎藤金也（朝日山地の自然保護と有効利用を考える連絡協議会）、草島進一（ウォーター・ウォッチ・ネットワーク鶴岡）、八木文明（葉山の自然を守る会）

二日目　現地見学　①朝日工区　②長井ダム建設現場

二〇〇二年十月頃から、第十一回の集会をどうするか、葉山の自然を守る会では模索し始めた。ネットワークで問題にしている所は一巡するわけで、原点に帰って長井で行なってはどうかという話になった。建設中の長井ダムは本当に必要なのか、市民の間で議論されないでいる。原代表が、二〇〇一年に脱ダム宣言を出した田中長野県知事を呼ぼうと言い始めた。皆、「そんな無理な話」と言ったが、原代表は強気だった。なぜなら、浅川ダムに反対していた内山卓郎さん（長野市在住）とネットワークの会議で知り合

03年長井集会（6月14日、山形県長井市）

っているから、内山さんから田中知事に頼んでもらえば実現できると言う。内山さんは元『環境とエネルギー』の記者でジャーナリストである。田中知事は実際、浅川ダム建設を中止した。

早速、内山さんから、十二月二日、『環境と公害』を発行していた仲井富さんらが田中知事と会うことになったので同行しては、と電話があった。仲井さんから誘いの手紙も来た。この「ヤッシー参り」に筆者が加わることになり、会見の最後に「ぜひ山形に」とお願いした。田中知事は、「私が行っても山形は変わらないだろうし、来年のことはわからないし」と、全く乗り気のない応答だった。筆者はダメモトと思っていたけどやっぱりダメか、と肩を落として帰ったものだ。

しかし諦めず、翌年二月に改めて手紙を出したところ、秘書からOKの返事が来た。田中知事は、内山さんに「どうしたものか」と尋ね、内山さんの「行ってあげてください」の一言で決めたという（内山さんから聞いた話である）。内山さんと仲井さんがいなければ、実現しなかった。深謝。

一日目は、「時の人」田中知事を一目見ようと、県内外から約四〇〇名の聴衆が集まった。民主党の佐藤謙一郎衆議院議員、小宮山洋子衆議院議員、奥田建衆議院議員、小林守衆議院議員、ツルネン・マルティ参議院議員、また、民主党政策調査会副部長栂坂英樹氏、政策調査会環境担当天笠義和氏、ツルネン・マルティ事務所石井茂氏、山下八洲夫事務所堀誠氏と、そうそうたるメンバーが山形に来た。

田中知事は、「脱ダム宣言」とは単にダムを造らないということにとどまらず、社会の在り方を問う試みであることを、長野県の事例を紹介しながら述べた。「県営ダム建設では国が約七割補助してくれるが、八割の金は中央のゼネコンに行く。県民が二七・五％負担なのに、長野県の会社が仕事を請け負うのは二割。これが公共事業のブーメラン効果と呼ばれるものだ。東京から計画と天下りの職員とコンクリートの資材メーカーが来て、地元からお金を巻き上げて、東京に戻って行く。これが巨大な公共事業のからくりだ」。

長野が行なおうとしているのは、この問屋のようなことを省き、適正利潤を得て仕事ができるようにすることであると、教育や福祉、森林整備などの例を挙げ、国の補助金制度の基準が地方自治体の意向に合致しない場合が多いことを指摘した。「小異を抱えながら大同につき、一緒に参加し行動していくことで、一人一人の願いが実現する社会に近づく」と締めくくった。

講演後、草島進一さんと最上小国川ダム建設に反対している小国川漁協組合長の沼沢勝善さんが、壇上で田中知事の左右に立ち、「脱ダムネット山形」の発足を宣言した。

全国からの報告に先立って、「公共事業チェックを実現する議員の会」事務局長の佐藤衆議院議員が、

「国土交通省や農林水産省の強大な力にねじ伏せられていく、そんな現実の中で、朝日―小国区間中止というのは希望の星。無駄な公共事業、自然破壊の問題を、立法の側から攻めていきたい」とあいさつした。

今回初めて、岐阜の大規模林道について、杉ノ下さんから共用地分割請求の訴えを地裁に行なったことが報告された。

二日目の現地見学、長井ダム建設現場には一四名が参加した。長井ダムは一九八四年に国の直轄事業としてスタートし、二〇一〇年完成予定。総事業費は一六〇〇億円。洪水調節・河川環境保全・潅漑用水・水力発電・水道用水などの多目的ダムである。巨大な工場のようなプラント施設を目の当たりにして、参加者からは、「小さく生んで大きく育てる公共事業。予算の二倍から三倍は間違いなくかかるだろう」という声が漏れた。

朝日工区の見学には民主党の五名の議員とスタッフ、秘書全員はじめ多数が向かった。奥田衆議院議員は、次のように感想を寄せている。「対向車となかなかすれちがうことができない砂利道の林道を一時間かかって走り、ほぼ山頂に近いようなところに来た時に、突然、舗装道路が横切っているという状況で、摩訶不思議な風景だった。また、評価委員会の評価そのものについての疑問もあり、適切な評価を行なってもらいたいと感じた。林道の必要性を否定するものではないが、大規模林道というのは本当に根本から考え直さなければならない事業なのではないかと思っている」。

二〇一四年二月十日、沼沢組合長は心労の果て、死を選んだ。最上小国川ダム建設を認めさせるため、執拗な恫喝を繰り返した県を許すことはできない。背後にいる国とゼネコンをも許せない。沼沢組合長の冥福を祈るばかりである。

第十二回「緑資源幹線林道は自然破壊の観光道路」

事務局・ネットワーク事務局

二〇〇四年六月十二・十三日　日本教育会館（東京）

一日目　基調報告　藤原信（ネットワーク代表）

講演「大規模林道を斬る」猪瀬直樹（作家）

全国からの報告　加藤彰紀（ネットワーク事務局）、寺島一男・鏡坦（北海道ネットワーク）、市川利美（ナキウサギふぁんくらぶ）、奥畑充幸（早池峰の自然を考える会）、原敬一（葉山の自然を守る会）

二日目　全国からの報告　金井塚務（広島フィールドミュージアム）、西原博之（『愛媛新聞』）、杉ノ下慶蔵（岐阜県高山市）、東瀬紘一（博士山ブナ林を守る会）

討論「大規模林道はどうすれば止まるか」

約八〇名の参加があった。はじめに、二〇〇三年十月に九十五歳で逝去した大石武一代表を偲んで、黙祷を行なった。基調報告で藤原教授は、「森林開発公団が発足して約五十年が経過した。一九九九年に発足した緑資源公団は、二〇〇二年には緑資源機構に変更している。『低位未利用』ということで急峻な奥地脊梁山地にスカイラインを計画し、水源林造成という名目で各地に不成績造林地を多発してきた『大規模林業圏開発』事業が、いつの間にか、『豊富な森林資源に恵まれた』地域の開発になり、『十分な開発がなされておらず』といいながら、既開発の『人工造林地帯』を貫通するという、ご都合主義の理念なき事

04年東京集会（6月12日、日本教育会館）

業をしている」と指摘した。

講師の猪瀬氏は、一九九七年『日本国の研究』を著し、文藝春秋読者賞を受賞した。本の帯には、「ふきつのる霞ヶ関批判と行革の嵐。だが、誰もこの国にある『もう一つの国』の話は書かない。そこでは無数の奇妙な企業の群れが国民に寄生して生きている。官僚国家日本の暗部を鋭く抉りとる告発ノンフィクション！」とある。この本は一九九六年六月に大規模林道朝日工区を視察したのをきっかけとして出された。第一章の初めに「朝日連峰」とあり、林野庁と森林開発公団の罪悪が書かれている。

大蔵省は、だぶついている郵便貯金の貸し出し先として確実に金利を得ることができるところのひとつに、いくら赤字を抱えても倒産できない国有林野特別会計を選んだ。猪瀬氏は講演の中で、この財政投融資の問題に焦点を当てた。猪瀬氏は、『続・日本国の研究』、『道路の権力』を著し、永田町、霞ヶ関、虎ノ門の闇を白日の下に晒した。

その後、猪瀬氏は小泉政権下で道路改革の先頭に立ち、その実績が買われ二〇〇七年には東京都の副知事に就任した。二〇一三年に都知事に当選したが、一年も経たないうちに失脚したのは記憶に新しい。

全国からの報告の中で、ネットワーク事務局長の加藤さんは、「大規模林道事業再評価委員会」が「単なるお墨付きを与えるだけの委員会」になるのではないかと危惧していたが、その通りとなった、NGOの参加と情報公開をさらに求めていこう、と呼びかけた。

第十三回「森の道路を考える」

事務局・大規模林道問題北海道ネットワーク
二〇〇五年六月二十五・二十六日　札幌市かでる2・7

一日目　記念講演「日本の森と21世紀の課題」佐藤謙一郎衆議院議員
基調講演「生物多様性と大規模林道」市川守弘（環境法律家連盟理事）
基調報告「大規模林道問題と最近の動向」加藤彰紀（ネットワーク事務局）
特別報告「道有林・国有林と大規模林道」俵浩三（専修大学）
「植物中心に見た様似―えりも区間の自然」佐藤謙（北海道学園大学）
各地からの報告
「朝日―小国区間の中止と今後の課題」原敬一（葉山の自然を守る会）
「細見谷の大規模林道と生物多様性」金井塚務（広島フィールドミュージアム）

二日目　現地見学　平取―新冠区間

一日目の集会には約一二〇名が参加した。はじめに、ネットワーク代表の藤原信教授が、「ネットワークは大規模林道だけに矮小化せず、広域基幹林道やその他の林道、そして治山堰堤という小規模ダムの問題にも取り組む必要がある」とあいさつした。

民主党「次の内閣」環境大臣の佐藤衆議院議員は、記念講演の中で、「知ってしまったことに責任を持つという目撃者責任と、もう一度疑ってみるという、禅でいう大疑をモットーにして運動している。公共事業チェック議員の会において、細川内ダム、中池見湿地、大規模林道朝日―小国ルートを知ったことが、私の出発点である。弱い者にしわ寄せがいく社会を正していきたい。公共事業が抱える自然環境の問題に取り組む議員は少ない。市民の側で横のつながりをつくって盛り上げて、個別の運動を一つの大きなうねりにしていくことが大事だ」と述べた。

市川守弘弁護士は、「道内の造成予定地は、絶滅の危機に瀕した動植物が多いにもかかわらず、まともな調査が行なわれないまま工事が進められている」と指摘した。佐藤教授は、専門が「北海道の高山植生と植物相、およびそれらの保護研究」で、様似―えりも区間には三〇種類以上の絶滅危惧植物があることを報告し、即刻工事を中止すべきと訴えた。

二日目は、紙智子参議院議員はじめ約六〇名が現地見学を行なった。平取―新冠区間は全長六・九キロメートルだが、二〇〇三年八月の台風で、約三割が被災した。二年経ったにもかかわらず、通行止めのままである。幅七メートル、二車線の舗装道路を約五キロメートル歩いた。歩き始めてすぐ、山の表面が広範囲に崩れ落ちた現場に遭遇した。さらに進むと、道路が山側の路肩の白線を残して谷底へ向かって陥没していたり、崩れてきた大量の倒木と土砂が路面を覆い尽くしたりしていた。「大規模破壊林道だ」と、怒りの声があがった。ルート周辺の住民の反対運動への参加がないのは残念だ、という感想も聞かれた。

第十四回「とめよう緑資源基幹林道　残そう細見谷」

事務局・森と水と土を考える会

二〇〇六年六月十・十一日　広島県立生涯学習センター

一日目　現地見学

二日目　講演　河野昭一（ネットワーク代表）

金井塚務（広島フィールドミュージアム）

現地報告　原戸祥次郎（森と水と土を考える会）、原敬一（葉山の自然を守る会）、寺島一男（大雪と石狩の自然を守る会）、増田準三（立山自然保護ネットワーク）、奥畑充幸（早池峰の自然を考える会）、石川徹也（山を考えるジャーナリストの会）、伊田浩之（『週刊金曜日』）、阿部悦子（環瀬戸内海会議）、井澤厚（富士ゼロックス端数倶楽部）

広島駅前に集合した約五〇名は、マイクロバスとレンタカーに分乗し、十方山林道入り口に向かった。ここから二軒屋小屋までの一三・二キロメートルは、細見谷渓畔林の中を通っている。なぜ、この林道を拡幅し舗装しなければならないのか、現地を見て疑問に思わない人はいないだろう。広島県や廿日市市、安芸太田町の代表らは、「住民の緊急避難路を確保するためにも早期完成を」「人工林の伐採が不十分で、このまま放置すると、山全体が駄目になる」などと主張しているという。

二〇〇二年に森と水と土を考える会、日本生物多様性ネットワーク、吉和村の自然を考える会で『細見谷と十方山林道』という学術報告書をまとめた。その巻頭で、河野教授は、「西中国山地で低山帯の斜面に発達したブナ林から谷底の平坦地の渓畔林・渓流に到るエコトーン（移行帯）がまとまった規模で残されている地域は、細見谷以外に無い」と記している。

案内しながら、金井塚さんは次のように話した。「昨年は、広島・島根・山口の三県で、二三三頭のクマが殺された。絶滅の恐れが増してきた。しかし、細見谷で新しい個体が生まれていることが、野外設置カメラによって確認されている。大凶作の年にも出産するだけの豊かさがあることを示している。細見谷は西中国山地におけるクマ生存の最後の砦として、非常に重要な位置を占めている」。

二日目の集会には約一〇〇名の参加があった。ルポライター鎌田慧氏の姿も見られた。あいさつに立った藤原信教授は、今回の集会を最後にネットワーク代表を引退すると告げた。藤原教授がいなければ、ネットワークは発足し得なかった。残念であるが、いつまでも見守ってくださるだろう。

金井塚さんは講演の中で、「『細見谷林道工事の是非を問う住民投票条例』の制定を請求するとして、五月に『細見谷大規模林道建設の是非を問う住民投票を実現する会』を立ち上げた。国や自治体が深刻な財政赤字の状況にあって、多額の税金を投入してまで、かけがえのない貴重な自然を破壊する大規模林道が必要か否か、納税者たる市民に判断を委ねる」と決意を述べた。

現地報告で、原戸さんから、戸河内—吉和区間が林野庁の期中評価委員会の対象になり、来る六月二十七日から二十九日に現地調査、地元公聴会が行なわれることが話された。原戸さんは、意見陳述を行なうことになっている。

戸河内―吉和区間が期中評価委員会の対象となるまでには、原戸さんや原哲之さんらの懸命の努力があった。原さんは「細見谷の保全を求め大規模林道の中止を求める緊急署名」をわずか三カ月で四万筆集め、二〇〇三年十二月に農林水産省と環境省に提出している。保安林解除の異議意見書の準備もしていた。これらのことを〇四年のネットワーク集会で報告する予定だったが、病気療養中のためできなかった。原さんは〇五年四月、四十二歳の若さで亡くなった。

原哲之さんは二〇〇三年十月二十七日の林野庁交渉のときも、原敬一、東瀬紘一の各氏と申し入れを行なった。担当官の分厚いファイルの背表紙には「もんだいりんどー」とあった。我々を愚弄したかのような担当官。病で顎を痛々しく腫らした原哲之さんの真摯な姿。余りの対照ではないか。

集会アピールとして、「林野庁は期中評価委員会を公平・公正に開催し公開すること」、「林野庁は細見谷渓畔林を次世代に残すためNGOとともに方策を立てること」を採択した。

事務局・博士山のブナ林を守る会

第十五回　福島集会

二〇〇七年七月二十八・二十九日　会津美里町新鶴公民館

一日目　現地見学

二日目　講演「公共事業と談合」五十嵐敬喜（法政大学）

「日本の天然林はどうなっているのか」河野昭一（ネットワーク代表）

各地からの報告　「北海道の森から」寺島一男（大雪と石狩の自然を守る会）、「エゾナキウサギと大規模林道」市川守弘（ナキウサギふぁんくらぶ）、「岩手県における大規模林道の状況」奥畑充幸（早池峰の自然を考える会）、「主要地方道花巻大曲線下前工区の問題点」瀬川強（カタクリの会）、「山形の大規模林道の現状」原敬一（葉山の自然を守る会）、「細見谷と十方山林道」金井塚務（広島フィールドミュージアム）

約六〇名の参加者が会津若松駅前から車に分乗し向かった先は、新鶴―柳津区間の未着工部分の所だった。でかでかと工事の看板が立っていた。これからどうなっていくのか。

この年の四月、緑資源機構が発注した林道整備の調査業務をめぐる談合事件が発覚した。『朝日新聞』は、二十日の一面のトップで報じている。五月十八日、ネットワークは林野庁に赴き、緑資源機構の廃止を要請した。同月二十四日には、緑資源機構の担当理事ら六人が逮捕され、取り調べが始められた。参院決算委員会で「政治とカネ」をめぐり追及の渦中にあった松岡利勝農水大臣が、同月二十八日自殺した。農水省は六月二十四日、緑資源機構を二〇〇七年度で廃止し、大規模林道事業を二〇〇八年度からは都道府県に移管する方針を固めた。

本集会は、緑資源機構が猛スピードで破局に向かった直後の集会となった。

講演の中で、五十嵐教授は、「現在、国の借金は八二〇兆円にのぼっており、一九四五年の財政破綻の時より悪い。国際的にも最悪だ。これ以上借金の先送りをしてはならない」と述べた。河野教授は、「大規模林道事業は即刻破棄し、財政難の自治体に移管すべきではない。林野庁の言う『森林の公益的機能を重視する』は信じられない。早急に天然林の維持、管理を環境省に移管すべきだ」とネットワーク代表として、七月十日、林野庁長官に要望書を提出したことを語った。

第十六回「細見谷は今―緑資源機構の復活を許すな」

事務局・広島集会実行委員会

二〇〇八年九月六・七日　広島平和記念資料館メモリアルホール

一日目　各地報告―緑資源機構解体後の大規模林道問題―

「細見谷渓畔林を巡る攻防」金井塚務（広島フィールドミュージアム）

「北海道の現状」寺島一男（大雪と石狩の自然を守る会）

「沖縄やんばるの林道問題」玉城長生（やんばるの自然を歩む会）

基調講演「大規模林道利権と談合」大谷昭宏（ジャーナリスト）

「今後の課題」河野昭一（ネットワーク代表）

二日目　現地見学　細見谷渓畔林

一日目の集会には、二〇〇名余りが参加した。金井塚さんは、細見谷を「西中国山地国定公園・特別保護地区」への指定を求めていこうと、呼びかけた。北海道の寺島さんは、「事業を北海道が引き受ければ事業主体になることから、道は大規模林道事業について改めて全面的に見直しを図ることにしている。その見直し過程で随時情報を提供し市民団体と協議の上検討を進めることとしているが、十分な取り組みが必要である」と述べた。やんばるの森の破壊については、急遽、関西大学院生からの報告となった。

河野教授の「今後の課題」については集会アピールに含まれているので、アピール全文を掲載する。

今日、日本列島各地では、大規模林道事業や水源林造成事業、風倒木処理、天然林育成の名目で貴重な森林生態系の破壊が続いており、その惨状は筆舌に尽くしがたいものとなっています。

これまで、大規模林道問題全国ネットワークは、大規模林道事業をムダな公共事業による自然破壊として告発しつつ事業の中止を求めてきました。同事業に関わるコンサル事業での官製談合が発覚し、事業主体であった独立行政法人緑資源機構は二〇〇八年三月をもって廃止されました。

しかしながら、これで大規模林道事業が中止となったわけではなく、事業主体を道・県に移管しての補助金事業へと変わり、継続が企図されています。

また、他の諸事業による森林破壊は日に日に生物多様性を奪い、貴重な生物ストックを消滅させているという状況下にあって、森林生態系の保護回復が急務と考え、大規模林道問題全国ネットワークは、新たに発足した「日本森林生態系保護ネットワーク」に合流し、発展的に改組することになりました。

我が国政府は、「生物多様性条約」を批准し、生物多様性保護の責務を負っています。これは私たちの子々孫々の安全保障措置としてきわめて重要な意味を持っています。この国際条約の精神を行政に反映させるためにも、私たちの活動はきわめて重要であると認識しています。

たとえば広島県では、廿日市市吉和の細見谷（西中国山地国定公園）を縦貫する大規模林道事業を県の事業として継続するか否かを検討中と聞いています。

同渓畔林は西中国山地の原生的自然を保持し、全国でも有数の規模と生物多様性を誇っている貴重な森林生態系です。生物多様性に裏打ちされた生物生産の豊かさはツキノワグマの貴重な生息地としても第一級の保全対象として知られています。

細見谷渓畔林同様、全国各地に存在する貴重な森林生態系を保護し、さらにかつての豊かさを回復させるために、国及び関係自治体に対し、以下のことを要求します。

一、林野庁及び各自治体は、無原則な天然林伐採を即時停止し、地域のNGO等と協力して森林生態系の保全と回復に全力で取り組むこと。

二、広島県をはじめ、大規模林道事業を実施してきた自治体においては、事業継続の可否決定に当たり、厳正かつ客観的な費用対効果の再検討を行なうこと。

三、また、生物多様性の保全の観点から公正かつ客観的な環境アセスメントを改めて実施した上で、地元住民やNGOを含む第三者委員会に諮って決定をすること。

四、水源林造成事業や林道開設、育成天然林事業など、森林生態系の改変を伴う可能性のある事業を計画するに当たっては、環境アセスメントの実施を義務づけ、客観的で公正な委員会において事業実施の可否を諮ること。

以上

私たち葉山の自然を守る会は、当集会に参加しなかった。よって、当集会については、後日送られた集会資料により記した。

「日本森林生態系保護ネットワーク」に合流することにより、大規模林道問題全国ネットワークの集会は、この集会をもって終わりとなったことになっている。が、葉山の自然を守る会としては、心中ことのほか、微妙である。

（文中の役職名は当時）

北海道の大規模林道

寺島一男（大雪と石狩の自然を守る会）

はじめに

「なんと言うことでしょう。林道と言うにはあまりにも奇怪で得体の知れない道路が、国民の血税を使いながら、もう二十三年間にわたってこの日本の緑の大地を引っ掻き続けています。森は立派になるどころか、分断され、傷つけられ、悠久の歴史とともにあった森の生きものたちとさえ引き裂かれ、急速に生気を失っています。

地域に住む人たちは、『国が道路をつくって皆さんの生活を豊かにします』、といわれて淡い希望を持ってみたものの、それは遅々として進まず、道は生活圏からはるか離れたところをいたずらに徘徊するばかりです。

ようやく一部ができたかと思えば、ちょっとした大雨や冬場を経験しただけで、道は崩れ山腹は崩壊してツケばかりが回ってきます。生活が潤うどころか、国道にも県道にも道道にもならなかった道路は、まちを発展させるために使われるはずのお金を、維持管理費の名目でどんどん目減りさせています。

これまで確かに道は、人を運び、物資を運び、文明を運んできました。道は間違いなく過疎地を救う一条の光でした。それはこれからも変わらない真実と思い込んでいる間に、ケイザイハンエイというお化けによって、埃っぽい散漫な光に変身させられていたのです。道が大切なのではなく、道が何をもたらすかが大切な時代になっています。

総延長およそ二二七〇キロメートル、事業費総額一兆円にもおよぶ大規模林道計画を目の当たりにして、私たちはいま二十一世紀に向けてひとつの決断を迫られています。豊かな人間性や生活を創造するために、森やそこにすむ生きものたち、そして大地の声とハーモニーを奏でるのか、それとも相変わらずただ賑やかにブルドーザーやクレーンの音と合奏するのか問われているのです」。

北海道で大規模林道問題に取り組み始めてから二十三年たった一九九六年（平成八年）七月、旭川市で開かれた「第四回大規模林道問題全国ネットワークの集い」の冒頭で、筆者はこのように訴えた。それからさらに十三年がたった二〇〇九年十一月二十五日、北海道の大規模林道は全路線が全面中止となり、この選択にようやく一つの結論が与えられた。

変転した大規模林道計画

子どもの頃、北海道はエイの形をしていると聞いた。背骨となる脊梁山脈が南北に走っているから、てっきり頭は宗谷岬で尾はえりも岬と思い込んでいた。ところが、それからかなり大きくなってから、そう

道路工事に先行して伐開された森林。傷痕がむなしい。(滝雄・厚和線、白滝―丸瀬布区間)

ではないと聞いてびっくりしたことがある。原型となっているエイはイトマキエイで、頭は根室・知床半島で尾が渡島半島だったのだ。

北海道の大規模林道は、実際の生き物からすると何とも奇妙な部位にあるこの背骨に沿うように計画された。理由は、北海道の優良な天然林の多くが、広い面積でここに残されていたからである。計画された大規模林道は、公表後も路線の改廃を含む大きな変更が数度にわたって行なわれたほか、着工後も区間レベルの変更が頻繁に行なわれた。

最終局面の計画路線は、三路線・一〇区間で、総延長は二〇〇・八キロメートルである。その路線位置は、北の方から北見山地の「滝雄・厚和線」（延長六五・四キロメートル、三区間）、阿寒山地の「置戸・阿寒線」（延長六三・三キロメートル、二区間）、日高山脈の「平取・えりも線」（延長七二・一キロメートル、五区間）である。

全国における大規模林道の建設は、一九七三年から始まった。全国二九路線・三二支線のうち、岩手の「八戸・川内線」、鳥取・島根の「日野・金城線」、岡山・広島の「粟倉・木屋原線」、愛媛・高知の「東津野・城川線」を皮切りに、次々と着手された。北海道でもこの年の十一月に二億一〇〇〇万円の予算が付いて、年内にも「滝雄・厚和線」が着工される予定だった。

ところが、この一カ月前の十月に、尾瀬や妙高の自動車道路とともに、全国的な問題になっていた大雪山縦貫道路計画が取り下げとなった。日本における自然保護問題の今後を占う天王山と目されていただけに、着工させることなく国の開発計画を止めたことは市民運動の成果として高く評価された。

その影響は大規模林道計画にも及び、この問題に取り組む反対運動は大きく盛り上がった。活動は、街頭署名・シンポジウム・パネルディスカッション・現地調査・写真展・市民集会など多岐にわたった。その広がりに押されて北海道は、「地元住民の意見、自然保護対策や工法について慎重に検討し直し、環境保全の影響調査を徹底させる」と知事表明を行なって年度内着工を見送った。

再検討の結果は翌年度になっても、翌々年度になっても出されず、工事も延期されたままだった。関係者の脳裏から大規模林道問題は消え去り、計画はこのまま中止になるかと思い始めた六年後（一九七九年）、突如その時を待っていたかのように着工された。延期の理由とした再検討の結果が公表されることもなく、環境に対する保全対策も何ら説明されないままに始められた。その着手は静かにというより、人目を憚るように密かに行なわれた。

一九七〇年代後半、北海道では昂揚する環境保護のうねりを受けて、いっとき鳴りをひそめていた大規模開発がまたぞろ動き始めていた。道内の自然保護団体は、急展開する重要なこれらの問題に対処するのが精一杯で、動き出した大規模林道に一致して対処するだけの余裕がなかった。それをいいことに、八三年になると「平取・えりも線」が、九四年にはまさかの「置戸・阿寒線」までが着工した。

突き崩された事業推進の論拠

北海道における大規模林道工事の進め方には一つの特徴があった。それは工事が接続する国道等の幹線道路から始められることがまずなく、複雑に入り組む細い在来林道の奥で飛び飛びに進められることだった。そのためどこで、どんな形で工事が進んでいるのか、地元住民はもとより私たちも初期には見当がつかず、あちこち探し回った上でやっと現場を特定するような状態だった。頭上に樹木が覆い茂る砂利道を抜けると、突然、幅広い二車線の舗装道路が現れて驚くという有様だった。

工事は比較的平坦部のやりやすいところをつまみ食いするようにして始まったが、稜線が立ちはだかる山奥の急傾斜地に入ると遅々として進まなくなった。予算の制約もあったと思われるが、法面工事、橋梁工事、トンネル工事に手間取りピッチが上がらなくなったからだ。道内の大規模林道の中で進捗率が最も高かったのは「滝雄・厚和線」だが、ここでも最盛期（一九九四〜二〇〇三年）に道路延長が年平均三・五キロメートルになったのが最高で、それを除く期間では年平均一キロメートルを確保するのがやっとだった。

大規模林道工事を担う事業主体は、当初、森林開発公団（一九五六年設立）だったが、次第に行政改革の波が押し寄せ、やがて緑資源公団（一九九九年発足）に変わり、さらに独立行政法人緑資源機構（二〇〇三年設立）となった。

だが、中央官庁幹部の天下り先として肥大化した組織は、慢性的な腐敗の体質を生み、二〇〇七年の緑資源機構による談合事件を契機に解体（〇八年三月）された。だが、消えたのは表看板だけで、実質は関連組織の中に吸収され温存され続けた。

また、この時点で当然中止になってしかるべき大規模林道事業（緑資源幹線林道事業）も、地方公共団体（道県）が補助事業として行なう林野庁の「山のみち地域づくり交付金事業」（以下、山のみち事業）として継続された。

北海道ではこの事業の受諾をめぐって、再び結集した自然保護団体と林野庁・道との間で厳しい闘いが

山奥の急傾斜地で進む工事。河川の破壊も加わった。(滝雄・厚和線、滝上―白滝区間)

続いた。その結果、林野庁が推進の根拠にしてきた費用対効果を含む事業の必要性、適切性、妥当性などその論拠がことごとく突き崩され、北海道は事業を受諾することが難しくなり、また、地元自治体の意識の変化も出てきて、二〇〇九年十一月二十五日、全路線が全面中止となった。

この間、つくられた道路延長は、三路線併せて九二・〇キロメートル、進捗率四六%である。路線毎に見ると、「滝雄・厚和線」五四・八キロメートル(工事期間二十九年、進捗率八四%・年平均ペース約一・九キロメートル)、「平取・えりも線」二四・五キロメートル(工事期間二十五年、進捗率三四%・年平均ペース約一・〇キロメートル)、「置戸・阿寒線」一二・七キロメートル(工事期間十四年、進捗率二〇%・年平均ペース約〇・九キロメートル)である。

大雪と石狩の自然を守る会の大規模林道事業に対する反対の取り組みは、開始から中止まで実に三十六年十カ月に及んだ。これはこの半世紀弱の間に取り組んだ十指を超える北海道の開発問題の中でも、断トツに長い期間である。息の長い取り組みだっただけに、様々な出来事がたくさんあった。その中で印象に残る事を、断片的でいささか脈絡を欠くが、以下にいくつかかいつまんで記すことにする。

立ちはだかった壁

大雪と石狩の自然を守る会（当時、旭川大雪の自然を守る会）が、大規模林業圏開発計画（以下、大規模林業圏）に取り組むことを表明をしたのは、一九七二年（昭和四十八年）一月である。発足して一年余が過ぎたときで、翌年六月には結成したばかりの北海道自然保護団体連絡会議（後に北海道自然保護連合）も連携して取り組むことになり、札幌・旭川・帯広で反対声明を発表した。

この声明はマスコミも大きく取り上げ、大規模林業圏は大雪縦貫道計画に続く大きな自然保護論争に発展するとして、大々的に報じられた。

だが、各紙とも取り組みは評価しながらも、その論調は運動の盛り上げは難しいとの見方を示した。例えば、『朝日新聞』は解説記事でその理由を次のように述べた。

「縦貫道問題と大規模林業圏では、同列に置いて論じられない質的な違いがある。縦貫道路は大雪山の原生林をぶち抜こうという、一本の観光道路計画だが、大規模林業圏は北海道の三分の一に近い広大な区域を対象にして、総延長七八〇〇キロメートルに及ぶ林道の建設を目指す大型プロジェクトである。しかも、林業関連産業、観光地再開発など過疎地域の振興策のあり方をめぐる大きな問題をも含んでいる。

大規模林業圏問題には、『大雪山を守ろう』というような具体的なシンボルがない。道開発庁や道は、大規模林道が大雪山国立公園の第一種特別地域を通ると批判されると、あっさり引っ込めてしまった。今後の林道計画についても『十分事前調査し、自然破壊の心配がないことを確認してから着工する』との姿勢を表明している。今後の論争は、手をつけずに置くべき自然と利用すべき自然との区別、利用すべき自然はどうすれば国土全体の環境を害さず末永く豊富に利用できるか、などが中心となると見られ複雑さが増す。

また、資源問題や地域開発をめぐる経済論争、農村人口や農林業の経営規模拡大等に絡んで政治論争も避けられない。自然保護団体はこれらの問題に敢えて挑んだが、自然保護運動に第二段階への突破口を開き得るか」

というものである。的を射た指摘だけに、運動の厳しさを改めて自覚した。

問題を難しくしたのは、問題の本命であるはずの大規模林道事業に、天ぷらのように厚い衣がついていたからだ。衣は、北海道開発法に基づき国が樹立する「北海道総合開発計画」（第三期計画・一九七〇年決定）である。大規模林道事業を含む大規模林業圏は、「新全国総合開発計画」（新全総）に基づく国家プロジェクトとして、この第三期計画の中に組み込まれていた。

北海道も率先して大規模林業圏を取り上げ、国とともに森林開発の総合計画として第三期計画の目玉商品にしていた。大規模な森林伐採、保育造林、木材関連産業の統廃合、林業労働者の削減、森林レクレーションエリアの設置による林業振興と地域発展が前面に出ていたため、私たちも初期には大規模林業圏全体に目を向けざるを得なかったのである。

背中を押してくれた「緑の医師団」

大規模林業圏問題に取り組むにあたって、私たちの認識を新たにし、大きな励ましを得る出来事があった。一九七四年五月に行なわれた国際植生学会による、日本縦断のエクスカーション（巡検）である。この年、国際植生学会日本大会が、東京で日本生態学会・国立公園協会・読売新聞社などの共催で開かれた。世界一九カ国から植生学、植物社会学、生態学、景観管理学、土壌生物学などを専門とする五一名の外国人学者が集まった。

エクスカーションは、これに日本側の学者が加わり約七〇名の調査団が編成され、日本列島縦断の現地調査（調査コース約七〇〇〇キロメートル・十八日間）を行なった。調査団には、西ドイツ（当時）のチュクセン理論応用植物社会学研究所所長、エレンベルグゲッチンゲン大学教授、プライジングハイファァ州立自然景観管理研究所所長などのほか、日本からは沼田眞千葉大学教授（日本大会委員長）、宮脇昭横浜国立大学教授（大会実行委員長）など、この分野の錚々たるメンバーが顔を揃えた。

調査団は五月三十一日、大雪山国立公園にやってきた。夕刻、層雲峡に着くとすぐゴンドラに乗って黒岳五合目に上がり、視察後、層雲峡のホテルに宿泊した。この数日前、主催する読売新聞社から私たちのところへ電話があった。この一行とホテルの夕食後に会って、大雪山の自然破壊や大規模林業圏の話をしてみないかという。ただし、夕食後の休憩時にロビーで会うかたちなので、時間はどれくらい確保できるかは分からないといわれた。

この超一流の専門家たちに対して、一市民の私たちがどんな話ができるのか考えるほどに身が竦んだが、何よりも現場の実態を知ってもらうことが大切と考えて、当時、共に運動していた佐藤佑一さんと参加した。

限られた時間の中では言葉よりも視覚に訴える方が大事と考えて、大雪山国立公園や周辺地域の破壊の現状を写真パネルにして持ち込んだ。持参した写真をロビーに並べ、彼らが出てくるのを待った。やがて浴衣姿の一行が三々五々と集まってきた。通訳は新聞社の紹介もあって宮脇先生が引き受けてくれた。この日の巡検の感想が参加者から語られたあと本題に入り、宮脇先生のユーモアを交えた巧みなリードもあって、聞かれるままに大雪山や大規模林業圏について報告した。彼らの反応は意外だった。最初に飛び出してきたことばは、「日本の国立公園のあり方は羊頭狗肉《ようとうくにく》だ」である。なんとも強烈だった。

国立公園や森林のあり方を巡る議論は、私たちの予想を超えて盛り上がり、夜半まで続いた。そこには日本列島を連日のように移動してきた疲れなどは、微塵も感じられなかった。語る言葉には自然保護に対する明快で揺るぎない考え方が充ち満ちていた。彼らは国立公園といいながら、貧弱な保護管理体制や行楽地化しすぎている日本の現状に驚きを隠さなかった。

いうまでもなく日本と諸外国の国立公園では、地域制公園と営造物公園というように制度やしくみ、公園の目的や管理など考え方が違う。しかし、そのことを差し引いても、日本と欧米では自然保護に対する意識は格段に違うと感じた。過去に手痛い自然破壊を経験したヨーロッパ諸国の、貴重な教訓と歴史がそうさせるのであろう。

この日の様子を『読売新聞』（昭和四十九年六月三日朝刊）は詳しく伝えたうえで、「旭川大雪の自然を守る会を囲んだシンポジウムでは、学者たちはその熱心さに打たれていた。今大会期間中、学者たちが民間の自然保護団体と話し合ったのは初めてで、中には同会が展示した大雪の自然破壊を示すパネル写真三枚をもらった学者もいた。東京のシンポジウムに使うという理由で、学者たちは同会のメンバーに『ぜひ東京のシンポジウムに来てくれ』と呼びかけたほど。〝緑の保護〟という万国共通語で物差しが一致、調査団を心強くさせたようだ」と報じた。

国際植生学会による日本縦断のエクスカーションは、行く先々で〝緑の環境診断〟を行なったので、マスコミは彼らを〝緑の医師団〟と呼んだ。〝医師団〟との出会いの中で、もう一つ忘れられない言葉がある。話の中で私たちが大規模林業圏の話をすると、口々に「それはクレージーだ」という言葉が返ってきた。大規模林業圏の圏域のほとんどが国立公園外の森林帯で展開されることを理解した上で、クレージーを発した。彼らは国立公園だけでなく、植生や森林の生態系、それと関わる人間のあり方を問うていたのである。

剥がれ落ちた衣

北海道の大規模林業圏は、すべての面で頭抜けて規模が大きかった。対象圏域の面積は、東京都の約一〇倍（二一八・七万ヘクタール）。対象圏域の森林面積は、北海道に次いで広い森林面積を持つ、岩手県の全森林面積の約一・五倍（一七八万ヘクタール）。圏域内に五カ所設置が予定された森林レクレーションエリアは、総面積でほぼ大雪山国立公園に匹敵（二二・八万ヘクタール）した。当初計画は、このエリアに

引き裂かれた森林。林床の表土の破壊も著しかった。(滝雄・厚和線、白滝―丸瀬布区間)

導入する観光客数を年間約六〇〇〇万人と踏んだ。さすがにべらぼうな数字だったとみえて、経済成長が「右肩下がり」になるとあわてて三四〇万人に変更した。

大規模林道も当初計画は、二路線・六区間・総延長四〇四キロメートル。他に幅員五メートル・完全舗装の中核林道一五路線・総延長五九四キロメートル、その他の林道約六八〇〇キロメートルが整備される計画だった。あまりにも膨大と指摘をすると、話しを林道密度にすり替えてまだまだ低いとうそぶいた。

北海道における大規模林業圏の本質を一口で言えば、残された天然林に対する資源収奪である。大規模林業圏のうたい文句は、林野庁長官が国会答弁した「いわば戦争を中心に荒廃した、薪炭林しか残っていないような山を、緑豊かな山にすることが根本」からすると、疲弊し低質化した森林資源を回復して地域の振興に寄与することだったはずである。

だが、北海道では反対だった。疲弊し低質化している、例えば日高山脈東部の森林地帯などは圏域から外され、優良な天然林が残る地域が組み入れられた。そこで積極的な拡大造林を行ない、一五〇万ヘクタールの天然林のうち約三二万ヘクタールを人工林にする内容だった。

拡大造林は高度成長時代に、逼迫する建築資材やパルプ原材料の需要に応える名目で、大々的に展開された。北海道では国有林を中心に、一九五四年から七一年にかけて大量に木が伐られた。材積（木の体積）で、一一〇〇万～一三〇〇万立方メートルが一年間に収穫された。ピーク時には、一三一五万立方メートル（一九六一年）にもなった。

拡大造林の伐採面積は、広いところでは一カ所で三〇～五〇ヘクタールにも及んだ。伐られた跡地には、成長の早いカラマツやトドマツなどが植えられた。多種多様な樹木が存在する天然林とちがい、単一樹種を大量一斉に植えると、病虫害や野ネズミ等の被害を受けやすい。拡大造林を行なった多くのところで、不成績造林地を生んだ。伐る量は確かだが、成長する木の量は期待どおりには行かない上、意図的な過伐も行なわれたから、北海道では特に多くの森林破壊地が生まれた。

大規模林業圏が登場したとき、この拡大造林政策の失敗は、すでに客観的な事実として学会や林業関係者の間で受け止められていたにもかかわらず、不可解なことに大きな声にならなかった。総事業費の半分近い約二四〇〇億円を伐採費に投じて、再び拡大造林を展開しようとする計画は、まさに異様だった。

計画の破綻は、一九七八年に北海道総合開発計画が見直され「新北海道総合開発計画」（第四期計画）に移行したときに露呈した。大規模林業圏の全面的な見直しが余儀なくされ、拡大造林と森林レクレーション計画が必死に体裁は繕ったものの取り止めとなった。この二つの事業は、大規模林業圏の二枚看板だったから、詰まるところ大規模林業圏の屋台骨はこの時点で完全に崩れ落ち、その後雲散霧消した。ようやく天ぷらの衣が剥がれたのである。北海道は、この時点から大規模林業圏の旗振りを止め、もっぱら国が実施する大規模林道事業の後押しをする姿勢に変わった。

重要な現地調査

大規模林道の初期の運動を大きく盛り上げた活動の一つに、現地調査がある。この現地調査にはある特徴があった。各分野の専門家のほかに、大規模林業圏問題に関心を持つ市民やマスコミが多数加わったことだ。このようなスタイルはいまではごく自然に行なわれていて特別なことではないが、この頃は調査はその分野の専門家が行なうものだという概念が浸透していて、シロウトが加わる調査は軽視される傾向があった。

確かに、専門分野における学術調査としての現地調査なら、専門的な知識を持たないものが加わることに意味がない。しかし、開発行為に関わる現地調査のような場合には、市民の知見は欠かせない。調査は事実関係を科学的に調べる行為であると同時に、その調査は誰のために、何のために、何を目的に行なわれるのか、絶えず社会的な意味と役割が通常の調査以上に問われるからだ。現場に市民と専門家がともに足を入れ、随所で参加者全員が意見交換をし、互いに学びながら事実認識を共有することはとても大切である。もちろん、この手法にも限界はあるし、いつでもというわけにはいかない。だが、現場で市民と専門家が目線を切り結ぶことは重要である。マスコミの参加も、現場が抜け落ちた観念的な記事ではなく、現地のナマの取材によって得られた的確な情報を広く発信してもらうためには欠かすことができない。

この市民的手法の現地調査は、大雪縦貫道路問題のときに大きな役割を果たし、その教訓はいまもなお踏襲されている。会が発足して今年（二〇一四年）で四十二年になる。この間に行なった現地調査は、視察程度のものや少人数のものを除いても、おそらく数十回になる。この中で運動の行方に大きな影響を与えた現地調査はいくつもあった。

「滝雄・厚和線」でもこの手法による現地調査が、二度にわたって行なわれた。一度目は一九七五年五月下旬で、専門家、自然保護関係者を含む市民、マスコミなど総勢三七名が参加して、山中で一泊して行なわれた。二度目は、翌七六年七月中旬で同様の規模と体制で実施された。運動の局面を大きく変えたことはいうまでもない。二度目のときは、現地調査に関連しておもしろい出来事があった。「滝雄・厚和線」の地元白滝村（現在は合併で遠軽町）で、当時、大規模林業圏に反対していた林野関係の労働組合と共催して大きな集会を開いた。目的も組織も運動の仕方も異なる労働組合と自然保護団体が、この問題で手をつないだ意義は大きかった。

集会は、村の家畜品評会場の広場を借りて行なわれたが、驚いたことに全道から七五〇名もの人が集まった。北海道の現地における自然保護集会としては、前例のない規模だった。思い出深いのは、この後に行なわれたデモ行進である。村の人たちに計画の内容を知ってもらおうと、チラシを配りながら村の中を練り歩いた。住民一七〇〇人あまりの村で、七五〇人もの人がデモ行進したのだから、村の人たちが驚くのも無理はなかった。村はじまって以来の出来事と目を丸くされた。

市民と専門家が協働して行なった現地調査。（滝雄・厚和線、雄柏山付近）

この日、白滝村では全村あげての体育大会だった。デモの途中、大会会場のそばを通ると、競技を終えた選手や見物に訪れていた女性十数人が、突如隊列に加わった。驚く私たちを尻目に、そのうちの数人が大規模林道はいらないと叫んだのである。地元住民に警戒されることはあっても、歓迎されることはないと思っていただけにちょっとした衝撃だった。聞くと大規模林道を知っている人はごく少なく、こういう機会でないと声を出せないからと、参加の理由を率直に語ってくれた。地元は村を挙げて計画の推進などと聞くと、私たちも固定観念で見てしまうことが多いが、そうではないのだと改めて認識した。

冬の時代を乗り越えて

着工後、大規模林業圏問題に取り組む運動は、いっとき冬の時代を迎えた。着工という生々しい現実を押しつけられた痛手もあるが、先に触れたようにその痛手に対処する暇がないほど大きな課題が自然保護団体に次々と覆い被さっていたからである。

一九八一年一月、日高横断道路（開発道路道々静内中札内線）の建設調査費が道開発予算に組み込まれ、懸念された道路建設が具体的に動きはじめた。二月にはいると、工事中止となっていた士幌高原道路（道々士幌然別湖線）の環境影響調査が開始され、これまた工事再開の動きが活発になった。翌八二年になると、千歳川放水路計画を含む石狩川水系工事実施計画が本決まりとなり、北海道開発局は放水路計画の説明会を開始した。さらに八六年には、知床国有林伐採問題の口火になった網走第五次地域施業計画が、北見営林支局によって発表された。私たちの会（大雪と石狩の自然を守る会）も、これらの問題に加えて大雪山国立公園内の林道問題や、十勝岳連峰・美瑛富士スキー場開発などのリゾート問題が押し寄せ、目の回るような忙しさだった。

大規模林道問題で協働していた北海道自然保護連合も、加盟団体が地元の問題に専念するため櫛の目のように欠け、いつしか気がついてみると大規模林業圏に取り組む団体は、私たちの会だけになっていた。大規模林道問題を風化させない活動をするのがやっとだった。問題に風穴を開けるだけのエネルギーが持てず、もっとも長く苦しい時期になった。

だが、苦闘する運動に新たな活力を与えるうねりは、思ったよりも早く静かにやってきた。震源は東北だった。「葉山の自然を守る会」（山形・一九八六年）、「小国の自然を守る会」（山形・一九八八年）、「博士山ブナ林を守る会」（福島・一九八九年）などが次々と結成され、それぞれの地域で抱える大規模林道の問題点を抉り出した。

それだけでなく、その取り組みを次々と広げ手を結び合う運動の出発点となった。一九九三年六月、山形県長井市で第一回大規模林道問題全国ネットワークの集い（六月二十六日〜二十七日）が開催され、翌年には第二回集会（六月二十五日〜二十六日）が福島県会津若松市で開かれた。続く一九九五年には、東京でダム問題を含めた第三回集会（六月二十四日〜二十五日）が開催され、この集会を契機に「大規模林道問題全国ネットワーク」（以下、「全国ネット」）が発足した。

「全国ネット」の発足は、それまで各地域で展開されていた反対運動をひとつに結びつけて、取り組む団体を元気づけただけでなく、この問題に関心を寄せる研究者・文化人・政治家・市民を幅広く巻き込んで、運動を〝全国区〟にした。

この全国ネットワークの集いに初期から参加し大きな励ましを受けていたものの、北海道では依然孤軍奮闘の状態だった。その苦しい取り組みをしていた大規模林道に道内の他団体の目が再び向けられるようになったのは二〇〇〇年からである。この前年、士幌高原道路の工事中止が確定し、二〇〇二年には千歳川放水路計画が中止、続く二〇〇三年には日高横断道路の工事が中止となった。北海道の自然を大きく食いつぶす、いわば前世紀の遺物ともいうべき大型開発計画が、相次いで中止になったことにより、これらの問題に取り組んでいた諸団体も、ようやく一息つける状態になったのである。

二〇〇四年一月、大規模林道問題で個別に連絡を取り合い協働していた、大雪と石狩の自然を守る会・十勝自然保護協会・ナキウサギふぁんくらぶ・北海道自然保護協会・北海道自然保護連合が、札幌に集まって「大規模林道問題北海道ネットワーク」（以下、「北海道ネット」）を結成した。結成の成果は、情報の収集、全国集会の開催、行政に対する質問・話し合いなどで、遺憾なく発揮されることになった。

大規模林道に関する情報の開示請求も行なわれ、段ボール箱がいくつにもなる開示資料が手に入った。一団体だけでは費用や処理能力に限界があって難しかったことが、ネットワークの結成によってそれが可能になった。分担して資料を読み解くうち、これまで知ることのできなかった問題が次々と浮上した。

大規模林道事業に行政による再評価の動きが出始めるのは、一九九八年からである。その震源になったのは、士幌高原道路問題で窮地に立たされた北海道が九七年に打ち出した「時のアセス」だった。アセスに時（時間）の尺度を取り入れて、時代の変化を踏まえて施策の再評価をする新たなしくみである。このユニークなしくみは、一九九七年の日本新語・流行語大賞に選ばれるほどに評判を得て、多くの国民に受け入れられた。また、行政も止めるしくみを持たなかった公共事業に見直しの名分を得ることができたため、この年の暮れ、国の公共事業の一部にも取り入れられた。林野庁は九八年四月、「大規模林道事業再評価実施要領」を策定し、九月に「再評価委員会」を、二〇〇二年八月には未着工区間の検討をする「あり方検討委員会」を設置した。

この「再評価委員会」に、二〇〇四年一月、大規模林道の費用対効果の試算が提出された。だがその中に示された「様似―えりも区間」と「様似区間」は、算定根拠がはっきりしない矛盾に満ちた内容だった。そこで北海道自然保護協会が林野庁に対しその根拠を問う資料の開示請求をしたところ、関係する文書は庁内の文書管理規定の「随時発生し、短期に廃棄するもの」に該当するためすでにないとして不開示の通知が来た。農水省の「行政文書保存期間基準」によれば、意思決定を行なうための決裁文書は五年、政策の決定または遂行上参考とした事項が記載されたものは三年の保管が義務づけられている。理不尽というより隠蔽をはかった廃棄だった。

このようなこともあって、開示資料から得た情報を元に林野庁や北海道に対して、具体的な事実を指摘して事業の中止を迫った。とりわけ北海道に対しては、二〇〇五年八月以降、知事宛に次々と質問書を提出し、それに基づいて話し合いを繰り返し、徹底して矛盾点を追求した。

未曾有の大惨事

衝撃ともいえる惨事が、二〇〇三年八月九〜十日、大規模林道の走る日高地方で起きた。台風一〇号に伴う一時間値七〇ミリを超える記録的な豪雨が、北部を流れる沙流《さる》川や厚別《あっぺつ》川を氾濫させ流域一帯に大きな被害をもたらした。中でも厚別川の氾濫は深刻で、三人の犠牲者を出したほか、一帯の交通網を寸断し、家屋・水田・畑・牧場地・山林などに甚大な被害を与えた。氾濫の特徴は、河川の源流部で山腹が崩壊し、土砂崩れに伴う大量の流出木が河川に集中し、河畔林をなぎ倒して被害を大きくしたことである。

厚別川氾濫のニュースを聞いたとき、真っ先にこの源流部にある「平取―新冠区間」のことを思った。この区間は、厚別川本流と並行して延びる支流の里平《りびら》川を、横断するように流れる二次支流ウエンテシカン川沿いにある。一九九六年に完成して、この年門別町（現在は合併で日高町）に移管された全長六・九キロメートルの大規模林道である。氾濫被害を伝える報道は、人的被害の大きかった中・下流部や沿岸部に集中し、上流部に関するものは少なかった。大規模林道に関する報道は、皆無に近かった。ただ、現地取材をした友人の記者が送ってくれた次のメールは、私の心配が現実になっていることを教えてくれた。

被災直後に現地視察にやってきた北村直人農林水産副大臣が次のように語ったという。

「これは大規模林道のせいだね。昔のような林業はできなくなり、効率化のために機械化するから林道も大きくして、そこが崩壊につながったんだろう。砂防ダムがあるところは流木を防いでいるけど、山そのものが崩れているから充分ではない。山のあり方そのものを見直さないといけないね」。脇にいた門別町長は「こんなことになるのなら、大規模林道の管理委託を国に返上したい」と嘆いたという。

氾濫から二週間後の八月二十四日、会のメンバー九名で現地入りした。厚別川は、河畔林がなぎ倒され、いたるところで決壊し、周囲の水田や牧場が川原と化していた。

大規模林道の里平側入口に立って、さらに驚いた。あるはずの林道が見あたらなかった。法面の上部から崩れ落ちてきた立木や土砂、沢筋から繰り出してきた大量の岩礫が、道路を覆い尽くしていた。道路標識やカーブミラーの頭が見えなければ、そこに道路があったとはだれ一人として想像できないような状態だった。

土石の山を乗り越え、倒木に埋まった斜面を進むと、申し訳程度にアスファルトの路面が覗いていた。白いセンターラインが、何とも奇異に見えた。山の斜面に降った豪雨は、激流となって山腹を抉る道路を横断しただけでなく路上に沿って流れ、山中から運んできた伐採時の放置木を並べたように置いた。目を剥いたのは、沢筋における道路の決壊である。路盤そのものが大きく湾曲に削り取られて、道路の原形がなかった。土砂や倒木の残骸がうずたかく積み重なり、その下で行き場所を失ってオーバーフローした沢水が、滝のように落下していた。想像以上のひどい災害だった。

三週間後の九月十五日、再び道内の関係団体にも呼びかけて、一七名で緊急調査を行なった。この調査結果は、北海道新聞二〇〇三年十月十一日の夕刊に、筆者名で「人災の可能性高い台風被害」として大き

沢筋の大規模林道はことごとく破壊された。（平取・えりも線、平取―新冠区間）

く掲載された。私たちは再びの国の災害復旧事業が済んだ二〇〇五年六月、改めてこの区間における被災調査を実施した。原因別に被災道路の延長を調べたところ、次のような結果になった。

①山地崩壊…一四カ所、総延長八四八メートル、②切土法面崩壊…一六カ所、三七五メートル、③盛土法面崩壊…一カ所、二二メートル、④道路構造物…八カ所、四五六メートル、⑤橋梁…一カ所、七〇メートル、⑥擁壁構造物…一カ所、二三メートル、⑦農地関連…一カ所、二六メートル。合計四二カ所、一八一八メートル（合計値のちがいは端数処理による）、被災延長率二七・五％。

「平取―新冠区間」の修復事業は、この災害復旧事業だけでは終わらず、この一帯の治山事業等としていまも継続されている。大規模林道と直交する沢筋には、巨大な砂防ダムが次々とつくられている。沢筋にとどまらず、その山地斜面も膨大な安定化工事が進められている。その様相は、コンクリートの城壁を幾重にも重ねていて、山そのものが要塞化しているようにも見える。

現在も毎年続けている事後調査では、山腹や渓流の崩壊は依然として収まらず、谷筋に設けられた砂防ダムは早くも満砂になっているものが多い。ひとたび大雨がきて出水すれば、これらの砂防ダムの表面を一気に走り、大規模林道を直撃するのは間違いない。延長六・九キロメートルの「平取―新冠区間」は、いまだ訪れても半日に出合う車両は多くて数台である。既存道路がこの道路を迂回するようにすぐ近くを走っているからだ。走り比べてみても時間は十分と違わない。

この道路の建設に二七億円をかけ、災害復旧に四億円以上かけ、さらにこの道路とウエンテシカン川を維持するために、膨大な治山事業を繰り返している。改めてこの事業のおかしさ、愚かさを考えずにはいられない。

最後の山場を迎えて

北海道における大規模林道問題の最後の山場は、緑資源機構が解体され、大規模林道事業が「山のみち事業」に移行したときに迎えた。継続することを前提に事業は推し進められていたが、しくみ上は引き受けるか引き受けないかの主体は北海道にあった。全面中止させる最後のチャンスだった。

当時の道議会記録によると、二〇〇五年の大規模林道事業に伴う負担金と受益者賦課金は、併せて二億四〇〇〇万円で、累計は六四億三七〇〇万円に上っていた。二〇〇六年度度以降道内で実施予定の事業費は六一八億八四〇〇万円で、北海道の負担金と受益者賦課金の合計は一〇六億六九〇〇万円にもなっていた。この事業を「山のみち事業」として継続すれば、その額は更に膨らみ約一七一億円になる算定もなされていた。

すでに大規模林業圏構想は雲散霧消し、大規模林道を積極的につくる理由や大義はどこにもなかった。「北海道ネット」は二〇〇八年六月、北海道知事に対し七項目一一頁にわたる質問書を提出して話し合いを持った。翌年の年明け早々には、本文二五頁に及ぶ意見書を提出して、「山のみち事業」の全面中止を要請した。

意見書には、事業が不合理で適正を欠いている制度上の問題、時代の検証を欠き実態にそぐわない林業上の問題、矛盾の多い費用対効果、地元自治体に負担増を強いる維持管理体制、自然破壊をもたらしている工事の実態、災害とリスクの問題、杜撰で恣意的な環境調査、その結果もたらされた河川・森林・野生

長大な橋梁と行き止まりのトンネル。放棄されたまま。(滝雄・厚和線、滝上―白滝区間)

生物等の被害等を、路線毎に詳述した。

また一方で、この年開かれた大規模林道問題全国ネットワーク広島集会(二〇〇八年九月六日～七日)に参加して、北海道の現状を報告するとともに、事業の廃止を訴えた。世論の盛り上がりも重要と考え、「森の豊かな生態系を壊す大規模林道はいりません」と銘打った、カラー写真を満載したリーフレットを発行(二〇〇八年十月)して、広く市民に配布した。

話し合いの中で北海道は、これまでの大規模林道に関する基礎資料をとりまとめるとともに、林野庁のマニュアルを用いて費用対効果の試算を算定し直すこと、既存の資料を中心に環境影響調査を再検討すること、地元自治体と意見交換を行なうこと、これらをとりまとめて庁内検討会議(知事政策室・水産林務部・環境生活部・企画振興部等)にかけ、結論を出すことを表明した。

この一連の検討過程で、改めて再計算された計画案と代替案の費用対効果が明らかになった〈一・〇以下は効果がないとされる〉。（ ）内は林野庁の算定数字。①「滝上―白滝区間」計画案〇・六〇（一・四五）、②「白滝―丸瀬布区間」計画案〇・六〇（一・四二）代替案〇・七一、③「静内・三石区間」〇・九八（一・〇七）代替案一・六二、④「様似区間」計画案一・二六（一・四六）代替案〇・六七、⑤「様似―えりも区間」計画案〇・六二（一・一四）、⑥「置戸―陸別区間」計画案一・一〇（一・一九）代替案一・二二、⑦「足寄―阿寒区間」計画案〇・六四（一・三九）代替案一・〇二。この費用対効果の算定には多くの欠陥があるが、そのことを一応さておいても、林野庁の費用対効果がいかにまやかしであったか浮き彫りになっていた。

この結果を受けて道知事は、関係市町村で説明会を開いた後、道内三路線七区間の事業実施が、①費用対効果が見込めない、②地元市町村に今後事業を継続する意向がない、③緊急性や優先性が低いことから難しい。また、代替案を含めて費用対効果があるとした四区間のうち、「置戸―陸別区間」「足寄―阿寒区間」は、地元自治体が継続を希望せず、「静内―三石区間」の計画案と「様似区間」の代替案がともに一以下になっていることから事業効果がないとして、北海道における大規模林道事業の全面中止を表明した。

おわりに

全国七カ所の圏域の中で規模や事業量が最も大きく、いわば象徴的存在だった北海道の大規模林道がすべて中止になった意義は極めて大きい。中止に至った原因や誘因は複層的で、その要因も様々ある。思いつくままにいくつか挙げてみる。

一つは、事業効果がまったくと言っていいほど見込めなくなったことだ。そもそも大規模林道は、高度経済成長時代の林業開発構想を前提に設計・線引きされており、その計画が雲散霧消した時点ですでにその結果は明らかだった。計画段階から事業効果に対する考えが欠落しており、費用対効果が義務づけられてからも、その算出根拠を明示しないまま、いかにも効果があるように林野庁は偽ってきた。「山のみち事業」に移行して、道庁が林野庁と同じ費用対効果算出マニュアルで試算した結果、ほとんどの区間で効果がないことが判明し、代替策を以てしても一部を除いて事業効果が見込めないことがはっきりした。

二つは、地元自治体がさしたる効果の望めない大規模林道に対して、建設費や維持管理費の負担増をいやがりはじめたことだ。地元自治体は、当初、大規模林道のしくみやその将来像に見通しを持たないまま、地域振興や災害対策等に寄与するとして推進の立場をとってきた。本音のところはつくる分にはそうカネがかからず、工事を通じて地元に少しでもカネが落ちればという、公共事業に対する安易な期待があったと思われる。

ところが工事が進むに従い、移管された道路のメンテナンスやその費用、台風や集中豪雨による災害のツケが増大するようになった。肝心の林業上の目処も立たないばかりか、最大の理由とした災害時の代替道路も、整備が進むようになって、建設の必要性が薄らぎはじめたのである。更に、「山のみち事業」になれば、扱いが補助林道となり、事業費の負担割合がこれまでの五％から一〇％になる可能性も濃厚になって、敬遠を後押しした。

三つめは、事業が「山のみち事業」に変わり、主体が林野庁（緑資源機構）から道に移ったことがある。道はそれまで大規模林道事業はあくまで国の事業として、道は協力の立場でしかないとして主体性を発揮してこなかった。というよりは追随の姿勢そのものだった。事業主体が国にあるとしても、道の立場から法的にも実質的に事業に対する意見反映や、場合によっては中止を求めることも可能だったのだが。

また、初期の時代には、「北海道総合開発計画」（第三期計画）の目玉に位置づけて、積極的に推進してきた経緯もある。その後、道の財政事情が悪化してきて事業の中止を決断せざるを得なかったが、一連の経過を考えると、林野庁の責任は当然として、道の責任も相当重いと考えるべきである。

四つめは、自然環境破壊の大きさである。道も検討会議の「論点整理」の中で、すべての区間について「環境への影響には十分な配慮が必要」とした。それくらい現場では自然破壊が生じていた。公共事業を中止するにあたって多くの場合、自然環境をその要因に取り上げることはほとんどない。自らの失敗が指摘されにくい経済的・社会的要因がもっぱら中心である。自然破壊の実態があっても、社会的批判が集中しない限り要因として取り上げようとしない。

工事が中止になった時点（一部二〇〇八年も含む）で、工事に着手はしたが地元自治体に移管できない未移管延長は、二〇・六キロメートル（滝雄・厚和線七・七キロメートル、置戸・阿寒線五・六キロメートル、平取・えりも線七・三キロメートル）となった。緑資源機構が廃止された後、工事途中のものは緑資源幹線林道の管理を任された独立行政法人森林総合研究所が、国の〝円滑事業〟のしくみを利用して、移管するための整備をしたが、整備しきれず放置されたままになっている現場もまだ残っている。いまそこで新たな自然破壊が進んでいる。

最後に、もっとも大きな中止の要因を挙げるなら、それは運動の力である。表層的な事実だけを集めると、大規模林道の中止は、緑資源機構の官製談合事件や道や自治体の財政的事由、時代の変化等がもたらした結果と受け止められがちだ。だが、それらは一つのきっかけに過ぎず、中止をさせる大きな流れが底流としてあったからこそである。

大規模林道はどんな計画なのか、どんな経緯で出てきたのか、どんな現実をもたらしているか、どんな影響を地域や社会にもたらそうとしているのか、そのことを市民や地域や社会に伝え、中止させる努力と行動が運動として連綿と続けられてきたからこそ、人々の関心と怒りはそこに集まったのである。

人はある時、何かに対して問題意識を持ったとしても、そのことが行動に結びつくまでにはなかなかいたらない。一つのきっかけや出会いがあって、はじめて足が前に出る。その機会づくりが運動である。その運動があちこちで生まれ、一つの大きなうねりとなっていたからこそ、何かの事件や出来事を契機として大きな結果を生み出したのである。それは理屈でなく、私自身がこの問題に三十七年間関わる中で得られた正直な実感である。

公共事業にかかわらず、国のいったん決まった事業を見直し中止させることは、いまだ以て実に難しい。止めるしくみを充実させるとともに、計画立案の段階から市民が関われるしくみ、事業の推移に科学的なチェックを入れるしくみづくりを急がなければならない。また、無責任な開発が横行しないように、様々な段階で計画を振り返り責任体制を明確にするシステムづくりも重要だ。

そして、仏つくって魂入れずの諺どおり、どんなすぐれたしくみをつくっても、それを生かす心がなければ十分に機能しない。問題を構造的に把握し科学的・論理的に解明できる力を、私たち自身も身につけていかなければならない。そのためには研究、法律、行政など幅広い分野の良心的な人たちとの連携が必要である。問題の解決を願う一人ひとりの市民の心をていねいに結んでいく行動が何よりも大切である。

だが、言葉でいうは易く現実は多難である。問題の多くは大きな闇の塊として突如私たちの目の前に現れることが多い。ときに逃げ出したくなることもある。しかし、関心を失わず微力ながらも継続してその問題にあたっていれば、あるとき目の前の高い階段が思いもかけず低くなる気がするのである。

［参考文献］

寺島一男『連載・北の自然保護』あさひかわ新聞、二〇一〇年第五六回〜二〇一一年第九一回
俵　浩三『緑の文化史』北海道大学図書刊行会、一九九一年
大規模林道問題全国ネットワーク『大規模林道はいらない』緑風出版、一九九九年

岩手の大規模林道

奥畑充幸（早池峰の自然を考える会）

大規模林道との出会い

私が岩手県に引っ越してきたのは一九八八年、昭和六十三年の夏だった。戦後開拓の農家の空き家を借りて、民宿を経営するためだった。当時既に家の近くの大規模林道の一部は完成しており、はじめてそこを通る人は誰でも、山の中に突然現れる二車線アスファルト舗装の道に奇異な感を抱かずにはおれなかった。私自身もこの立派過ぎる林道を見るにつけ、無駄な公共事業だなとは思っていたが、当時は全線完成すれば遠野に買い物に行く時は便利になるかなぐらいの認識だった。

見方が変わりはじめたのは一九九五年、日本林業技術協会によるクマゲラ生息確認調査に地元の道案内として参加してからだ。その調査ではブナの生木に新しい掘りかけの穴が発見され、今後も調査が必要であるという意見で一致した。翌年の調査ではクマゲラの食痕と糞も見つかり、もはや工事予定地にクマゲラが生息していることは明らかな事実となった。しかし、その調査結果は公表されず、工事は続けられた。一九九七年に環境影響評価法が成立して以来、数えきれない程の環境調査が行なわれた。しかし一体、それらがどれ程自然環境を守る力になったのだろうか。調査の結果、貴重な生態系を守る手法が見出せず、工事は中止となった、といった事例を聞いたことがない。ここでも形だけの調査、免罪符としての調査が行なわれようとしていた。

私は知り合いの新聞記者に話をして、このことを記事にしてもらった。より多くの人に真実を知ってもらうこと、それ以外にはいい結果に導く方法はないと考えたからだった。一九九六年十一月には大規模林道問題全国ネットワークに連絡をとり、一緒に現地視察をしてもらった。連絡後すぐに加藤事務局長や藤原先生が岩手にまで来て下さったのを頼もしく感じた事を思い出す。翌十二月には工事の一時凍結を求める要望書を森林開発公団（後に緑資源機構と改称）、林野庁、環境庁、総務庁に提出した。要望書には「早池峰の自然を考える会」の名を使った。これは地元の有志が毎月一回ペースの自然観察会を行ない、それを通して環境に興味を持つ人を少しでも増やそうと活動している会だ。震災後は主に沿岸地区で壊れた防潮堤を観る会等を催している。一九九七年三月に公団は設計変更によるクマゲラへの影響回避を表明した。しかし工事予定地に生息する貴重な生物はクマゲラだけではない。オオタカやクマタカの生息も確認されていた。この年の八月には早池峰クマタカ研究会の井上祐治氏と二人で公団に対し、①工事の一時凍結、②建設予定地周辺の動植物の生態調査及び環境調査、③建設の有用性の再検討を求める要望書と質問書、それに約五〇〇名分の署名を渡してきた。

これに対し、公団側もクマタカの生息を認め、この年の十二月から稀少猛禽類生息状況調査をはじめた。明けて一九九八年三月には、猛禽類の調査のためとして夏までの工事休止を表明した。しかし、八月の地元説明会では早くも工事の再開を表明。環境への配慮として、稜線部分のトンネル化を示唆した。九月からは工事も再開し、これは十二月まで続いた。翌年一九九九年も十一月から十二月まで工事は進められた。

費用対効果分析

二〇〇〇年三月。岩手大学人文社会科学部の井上博夫教授らは「大規模林道川井・住田線横沢―荒川区間の費用対効果分析」を発表した。これは大規模林道事業で発生するとされる木材の運搬費用低下や造林・育林・伐採の施業費の低下、さらに一般通行車両の時間短縮を便益として推計し、この林道の建設事業費と道路維持費を費用として比較し評価するというものだ。評価は、今後理想的な森林の再生産が行なわれ、森林資源が完全利用された場合（これは岩手県が作成した見通しによるものだそうだ。残念ながらそんな気配は今もって全くないが……）と、現在の施業状況が継続した場合について、天然林を伐採する場合と伐採しない場合を想定し、計四つのシナリオで評価された。その結果、最も便益が大きくなる、理想的な森林の再生産が行なわれ、かつ天然林を伐採したとするシナリオでさえ総費用額が一五八億二〇〇〇万円。総便益は一三億四二〇〇万円。差し引き一四四億五九〇〇万円の赤字となった。それに対して緑資源機構は二億四〇〇〇万円のプラスになるという試算を出してきた。私達は、上下一四六億九九〇〇万円も違う計算結果に納得がいかず、その根拠を機構側に求めたが、なかなか返事が返ってこなかった。やっと出てきたのが、二〇〇〇年に林野庁が出した「林野公共事業における事前評価マニュアル」だった。これに従えば積雪のため約半年しか通行できない林道の便益が三六五日分で計算され、カーブミラーやガードレールの設置費用や環境アセスメントの経費までが便益として計算されているのだった。炭素固定便益というものに至っては、自分達で伐り倒した木が放出した炭素は計算せず、林道ができた時点で適正な森林管理が可能となり（現在もそれはないように見えるが……）その結果空気中の炭素が固定されるとし、それを便益に計算している。これ程自分勝手な理屈があるだろうか。これでは家計簿をつける時に支出のほとんどを収入にしているようなものだ。こんなマニュアルが大手を振っている限り、金輪際まともな森林管理はできないだろう。井上教授らは総合評価として以下のようにまとめている。

(1) 森林の保全と適正な利用は重要な課題だが、分析対象とした大規模林道川井・住田線横沢―荒川区間は、林業振興に与える効果の点では、その費用に比べて効果は限られている。林業振興という本来の政策目的を達する手段としては、代替的な政策の選択も考慮するべきであろう。森林保全や林業振興により直接的な効果が期待できる政策の選択が期待される。

(2) 大規模林道は、従来の林道とは異なり、尾根を越え両端で公道に接続することによって、一般の道路として利用され、山村地域の振興に資するという目的を併せ持つとされている。分析結果によれば、一般道路としての利用便益は、その費用に比べて小さい林道ではなく一般道路として建設するのであれば、新設、改良すべき道路の優先順位は別途考慮されるべきであろう。その際、通常の費用、便益比が唯一の基準とは必ずしも言えない。例え費用が上回ったとしても、その地域にとって不可欠な道路もあり得る。しかし、当該地域にとって最も優先すべき道路が、対象とした大規模林道か否かは検討されるべきだろう。

(3) 分析では、今後も事業を継続した場合の追加的便益と追加的費用も試算してみた。その結果によれば、追加的費用が上回る。このことは、現時点での事業の再評価を試みることが無駄ではないことを示す。
(4) 本分析では、環境等への影響を十分取り入れることができなかった。しかし、この問題こそ大規模林道事業の最も重要な論点の一つである。事業の再評価を行なうときには、環境評価を十分に評価することが望まれる。
緑資源機構が私達の反対を無視して事業を進める中、井上教授らの分析は、私達にとって正に地獄で仏に会うといった心境だった。ここに改めて御礼申し上げる。しかし機構は破廉恥にも二〇〇〇年九月にはそれまで休止していた、タイマグラ側と横沢側両方での工事をまたも再開させたのだった。

全国大会

二〇〇〇年にはもう一つ大きな事があった。「第8回大規模林道問題全国ネットワークの集い」を岩手県宮古市で開催したのだ。

九月三十日には北海道から富山県まで全国からたくさんの方がみえた。まずは現地を見てもらおうと横沢の土捨場等、横沢―荒川区間を見学した。その後宮古の宿泊施設に移動、交流会をしながら各地からの報告会。明けて十月一日は全国大会だ。開会の挨拶は一関市の弁護士で日本環境法律家連盟理事、法律のことなど全くわからない私達の相談に何度ものっていただいた千田功平先生にお願いした。千田先生は二〇一三年突然亡くなられた。特定秘密保護法案に反対する活動を熱心にされていた最中のことだった。本当に残念でならない。ここに生前の御恩に感謝し御冥福をお祈り申し上げます。その後の講演は畠山重篤氏に「森は海の恋人」と題して森、川、海と続く物質の循環が豊かな生態系を育んでいるというお話をしていただいた。牡蠣養殖業を営まれ、その中で森の大切さに気づかれ、自ら森に木を植える活動をされている方なので、言葉の一つ一つに重みが感じられ、皆で興味深く聞かせていただいた。

岩手大学の井上博夫教授には費用対効果分析についてのお話をお願いした。

先生のような真摯な態度で公共事業の費用対効果を分析して下さる学者がこの国に増えることを願わずにはいられない。地元の漁協の方からも環境に対する活動報告があり、宇都宮大学名誉教授の藤原信先生がまとめ、大会アピールを採択した。

地質学者の警鐘

二〇〇五年五月二十一日、元熊本大学教授の松本幡郎《はたお》博士（地質学・応用地質）に同行をお願いし、川井・住田線横沢―荒川区間の視察をした。現場はかつて早池峰構造帯と呼ばれた大きな不連続面が横たわっている所だ。これまでの視察でも法面に、手で握るだけでボロボロと崩れてしまうような岩が観察されていた場所なのだ。緑資源機構はこのような場所で大規模な工事をするにもかかわらず、地質調査を全く行なっていなかった。そのことを指摘されてからボーリング調査を一回行ない、その結果も非公開のまま「問題なし」として工事を進めてきた。そのようないきさつから地質学の専門知識を持った方に是非現場を見ていただきたいと考えていたところ、国会議員の中村敦夫氏から松本先生を御推薦いただき、視察となった。当日は「公共事業をチェックする議員の会」代表の佐藤謙一郎議員も駆けつけ、北側斜面の工区を巡り、トンネル付近の切り通しや稜線近くに大量に捨てられた残土等を見ていただいた。視察後、松本先生が林野庁長官に宛てて提出して下さった意見書を見てみよう。

意見書《林野庁長官　宛》　理学博士　松本幡郎

川井―住田線を見る機会があり、若干の問題点に気がついたので記す次第である。

筆者は別府―阿蘇道路をはじめ、九州自動車道路、久留米―人吉間の路線設定、この間の法面などに関し携わってきた。また、地質・応用地質を大学で講義した。これらの長年の経験をふまえて、この意見書を記す次第である。問題の路線は北上山脈中を南北に縦断する林道の一部であり早池峰の東部より川井村に通ずる路線である。途中自然林を壊し、トンネルの捨土砂で、暗渠は作るが、谷を埋めるなどして自然景観をひどく損う道路である。自然保護から見れば暴挙といわざるを得ない。この付近の地質は、古生代に活動した薬師岳の山体で、片状普通角閃石花崗閃緑岩である。ついで、岩手県で二番目に高い早池峰である。岩石は蛇紋岩であり、強い鉱化作用をもっており、付近の岩石に蛇紋石化作用を与えている。薬師岳の石は分布がわりに広く遠野市まで続いている。薬師岳より川井村にかけては緑色片岩が分布している。この緑色片岩の源石は細粒礫石であり、だいたいの走向はN80度E、傾斜は北に40度である。成因は早池峰の蛇紋岩である。この付近を構成する岩石は以上であるが、堆積岩の存在がなく、このため地質構造に関しては議論できない。すでに建設済みの道路であるが所々に盛土が施されており、高いものは一〇メートルに達するものもあり、その材料がトンネル内の土石である。すなわち、花崗閃緑岩である。盛り土も

川井・住田線の現地視察（2005年5月21日）

投げ捨てた感じで、展圧などしていない。だいたい花崗閃緑岩は風化に弱い岩石で、しかも構成鉱物の長石類は特に風化に弱く、カオリナイト、ハロイサイト、アロフェンなどの粘土鉱物になりやすい。粘土類は水に対して膨張性が強く、このため強度も低下する危険性がある。これに対して、盛り土部分に排水の設備がされていない。何時でも壊れる状態で放置されている。大雨の時、鉄砲水が起こっても当然である。谷を横切る箇所には暗渠が設置されているが、その大きさも問題があり、中には内部に樹木の枝や葉で埋まっているものも多くあり、暗渠の目的を果たしていない。鉄砲水と記したが、これに付随して土砂流に対してまったく無防備である。谷部や凹部に砂防堰堤ひとつなく、下流の民家のことなど考えていない。このような態度は公共事業をする資格がないと非難されるに間違いない。ある工事をする場合、現在は地元の住民によく説明し、了解をとるのが一番である。いくら国有林の中だからとはいえ、林野庁、県、市町村など役所が勝手に独断することは許されない時代なのである。この意味からも関係当局は反省すべきである。問題の路線は、今まで述べたように多くの問題を抱えており、これに対して住民の理解を取り、自然保護を無視してはならない。以上

私達早池峰の自然を考える会では、この意見書に、関係当局は直ちに工事を中止して土捨て場その他の危険箇所に対し、安全対策を講じるように要望するとした要望書を添えて林野庁に提出した。しかし林野庁側は何らの安全対策もとらないまま工事を進めた。

それればかりか、緑資源機構は大規模林道の必要性の一つとして「災害時の迂回路として有効」ということを言い続けてきた。しかし、東日本大震災の時、この林道はどれくらい役に立ったのだろうか。答えはほとんど使われなかったということだ。まず震災が三月十一日であり、この林道はその時、冬期閉鎖だったのだ。荒川高原や早池峰のつらなりを越える地点で標高一〇〇〇メートル付近を通過するため、半年は雪の下に眠っているのだ。仮に慌てて除雪をしても雪の降っている頃であれば一〇〇〇メートルを超えるところでは風が強く、あっという間に吹き溜まりができてしまう。

さらに、雪が溶けてみると、アスファルトのあちこちに幅、深さともに一〇~二〇センチ、長さ二〇メートル程の亀裂が走り、おまけに法面が大きく崩れたところも見つかり、走れないことがわかった。災害時のエスケイプルートどころか、大規模林道そのものが土砂災害の原因を作っていたのだ。大型観光バスが行き違いのできる七メートルもの道幅があり、しかも急な斜面に、切り土盛り土で道を造っているので、

普通の道路よりも災害に弱いということがはっきり証明されたわけだ。二〇一二年度には亀裂六カ所と法面崩れ一カ所が震災関連と認められ、二三〇〇万円で復旧されたと新聞には報じられている。でも、震災のない年にも大規模林道では亀裂や陥没が次々と発生している。

遠野市の地質図を見ると、この市はその広大な面積のほとんどが中生代に貫入した花崗閃緑岩でできている。この岩石は風化するとマサ土と呼ばれる土壌になる。二〇一四年に広島市で住宅を飲み込んだ土砂流で全国的に知られるようになった土だ。大規模林道が通る荒川高原はこのマサ土の多い花崗閃緑岩の深層風化帯なのだ。

毎年のように亀裂が見つかり、時には車一台が落ちるような大きな穴が陥没する。

これらは震災関連とは認められないので地元自治体の出費となってしまう。

ご高齢にもかかわらず矍鑠《かくしゃく》と山を歩かれ、地質の説明をしてくださった松本先生。別れ際に、まとめるように話してくださった言葉が忘れられない。「谷なら谷、山なら山がそこに存在するには、ちゃんと理由があるものです。谷は必然があって谷になっているのであるから、そこに人間の都合で多量の残土を捨てたりすれば、必ずもとの形に戻ろうとして土砂流災害を引き起こすのです」。

官製談合

地元の環境保護団体が環境破壊だとして反対署名を集めても、財政学の教授が大赤字になるとし、中止も含めた再評価を促しても、地質学者が土石流の危険性を指摘しても、大規模林道は止められることはな

路線名	計画延長	事業費	完成年	備考
八戸・川内線	74.1km	234 億円	2005 年 7 月 15 日完成	
川井・住田線	71.5km	204 億円	2009 年 11 月完成	
葛巻・田子線	74.4km	291 億円	2022 年完成予定で工事継続中	うち 2.1km は中止

かった。しかし、そんな大規模林道も、もしかしたら止まるかもしれない、そう思わせるチャンスが巡ってきた。二〇〇六年十月三十一日、公正取引委員会は林道整備事業を巡る談合の疑いがあるとして、緑資源機構と測量、アセスメント事業の受注側公益法人（日本森林技術協会他）など十数社の立入検査を行なった。

その直後、政治団体「特森懇話会」を通して林野族と呼ばれる国会議員の資金管理団体に多額の献金をしていた「特定森林地域協議会」は突然の解散をしている。

そして二〇〇七年五月二十四日には公正取引委員会の告発を受け、東京地検特捜部が独禁法違反容疑で関係者六名を逮捕。同五月二十八日には松岡利勝農相が赤坂の議員宿舎で自殺。

明けて二十九日には、山崎進一元森林開発公団理事が自宅マンションから飛び降り自殺。大規模林道を取りまく暗い闇の一部が国民の前にさらされた。しかし、この二人の自殺を境に追及は打ち切られた。測量やアセスメントの部分だけで談合があったのか。これらは事業全体から見ればほんの一部だ。もっと大きな官製談合があったのではないか。この際、膿みは全部出し切った方が良かったのでは？　と思った。

二〇〇八年三月末日をもって緑資源機構は廃止された。大規模林道事業を続けるか、中止するかは、各県の判断にまかせられることになった。やっとのことで中止するチャンスが巡ってきたのだ。けれども岩手県は機構廃止後も事業継続の方針を早々と決めた。岩手県において、大規模林道は、比較的早期にその効果が現れる路線と考えられるためというのが当時の知事が示した理由だった。岩手の路線のうち北部の八戸・川内線、延長七四・一キロメートルはすでに二〇〇五年七月に完成していた。南部の川井・住田線、延長七一・五キロメートルも機構廃止の翌二〇〇九年十一月に完成してしまった。わずかに支線の葛巻・田子線のうち二・一キロメートルを付近に市道が通っているためとして事業中止とし、残りの二二・九キロメートルを道路幅七メートル二車線から、五メートル一車線に規模を縮小と決めたのだった。

二〇一五年、あれから六年の歳月が流れた。北上山系に大規模林道の効果はどのような形で現れたのだろうか。

国や県はもちろん、地元の新聞さえもその効果を検証しようとはしていない。

全国では一兆円を超えるといわれた巨額の税をつぎ込んだ林道が完成したのに、その効果を検証しようとしないのは不自然だ。

今、北上山系の森は

林業はどうだろうか。活気を取り戻しただろうか。ここ十年で北上山系の林業をめぐる状況は大きく変化した。しかし、それは決して大規模林道が完成し、その結果この地域で効率的な林業が行なわれるようになったということではない。

今から三十年程前、わが国の林業は三重苦に陥っている、と言われていた。その三重苦とは、木材価格の低迷による林業経営の意欲低下、林業労働者の高齢化と減少、森林資源の質の低下、というものだった。

昭和三十九年に木材の完全自由化が始まって以来、外材の輸入は年々増加し続け、平成三年の時点で国内自給率はわずかに二五％。国産材の価格は木材消費量の約三分の二を占める外材に左右されているというのが現状だ。木材価格が低迷すれば、林業に関わる人たちの所得も低迷する。「持ち山を何町歩も伐って売ったが、手元さ残ったのは二万円だったたよ。仲間にボヤいたら『残っただけたいしたもんだ』となぐさめられたけんどもさ」。普段林業の現場にはほとんど縁のない私の耳にさえもそんな林業家の悲鳴が聞こえてきた。若い人たちは「危険」、「汚い」、「きつい」の３Ｋに加え所得の低い林業を敬遠し、労働者の高齢化と減少はますます加速していった。

労働者が高齢化し減少すれば、放置される森林が増加するのはあたりまえだ。ここ北上山系でも間伐や除伐が進まず、まるでモヤシのようになったカラマツが目立っていた。もっとひどい所はカラマツそのものは枯死し野生の広葉樹がヤブを作っているような林もあった。

人工林が疲弊している最中、天然林では〝天然林更新〟という名目で国有林の行き過ぎた伐採が行なわれていた。大径木を伐ってやらないと、若い木が育たず〝老齢過熟林〟になってしまう、などと意味不明で身勝手な理屈をこねて、伐っていた。択伐であって皆伐ではないとも言っていたが、実際に現場へ行ってみれば、伐倒される時に傷つけられていたり、腐《くさ》れがはいって製品にならないものが多かった。樹齢百年をこすブナやミズナラの大径木が毎日のようにトラックに山積みされ、我が家の前の県道を下って行ったのもその頃の話だ。

やがて北上山系にも森林生態系保護地域や緑の回廊と呼ばれる保護林が設定された。土砂流防備、水源涵養、野生動植物の保護、等々、森林の持つ公益的機能を発揮させるためというのが林野庁の説明だった。が、私には「お金になりそうな木はあらかた伐っちゃったので保護林ってことにしました。保護するためにって言って立入禁止にしておけば目立たなくっていいしね」と言われているようだった。

さて、先に書いた、ここ十年の大きな変化のことだが、それは残されていたモヤシのようなカラマツまでもが次々と伐られはじめた、ということなのだ。その理由はいくつかある。一つは天然林、特に国有林の天然林はほとんど伐り尽くされ、わずかに残ったものは保護されて伐れないこと。もう一つは、集成材の技術が進歩して今まで利用できなかったような細い材でも利用できるようになり、値がつくようになってきたこと。震災以降は復興事業による需要も増えたことだろう。ここ十年くらいで民間林のカラマツ人工林伐採が目立ってきた。

しかし、それは以前言われていた三重苦が解消したということではないようだ。林業資源の質の低下、これは十年や二十年ではどうすることもできない。比較的成長の早いとされるスギやカラマツでさえ植えてから伐るまでには最低四十年は必要なのだ。間伐などの手入れの行き届いた林分が増えたようにも見えない。林業労働者の高齢化と減少、これも改善されたようではない。私の身の回りでもここ数年で小さな林業会社がいくつかやめてしまったことからも、これは裏付けられると思う。緑資源機構が以前主張していたように、林道が完成することによって、大型機械が導入され、作業効率が良くなったところなど、どこにも見うけられない。

第一、大型機械を買えるような余裕のある森林組合や林業会社がどこにあるというのだろうか。大規模林道が本線となり、そこから支線が延びていくということもほとんどないように見える。もともと二車線で道幅七メートルもある大きな道路を山岳地帯の急傾斜地に作っているのだから、法面そのものも大きく急なものになってしまう。おまけに一般道路としての利用も前提としているために安全上ガードレールが設置され支線の作りづらい道なのだ。ある林業家が作業道を作るのでガードレールをはずしてほしいとお願いしたところ、一般車の安全を考えるとそれはできないと断られたという話を聞いた。本気で林業に利用する気があったのだろうか。

集成材の話に戻る。接着剤の品質そのものが向上し、加工技術も接着面を複雑なものにすることで接着面積を増やし、より強度のある集成材を製造することが可能になったと聞く。そのこと自体は、いままで売りものにならず廃棄されていた小径木の有効利用につながり、朗報に違いない。しかし今まで値がつかなかった人工林の木に突然値がつくようになると、すさまじい勢いで伐採が始まった。山肌に目をやれば、網の目のように作業道が張り巡らされて、その路肩には幾筋もの水の流れた跡が見える。それらをきっかけに大きく崩れた箇所もある。以前にも増して少しまとまった雨が降ると川は赤茶色の水を流すようになった。昭和二十二年、二十三年と続いてやってきたキャサリン、アイオン台風とそれによる土砂流災害を思いださずにはいられない。当時も戦中・戦後の行き過ぎた伐採が土砂流の大きな要因であったと考えられていた。

今年度（二〇一五年度）と来年度は震災復興事業の事業費が最も大きくふくれ上がる年度だと聞いている。メガソーラーの用地で伐採されたり、風力発電施設の用地でもかなりの面積が伐られることだろう。木質バイオマス発電所というのも稼働するそうだ。北上山系全体の森林を見守ってくれる組織はあるのだろうか。利用と再生産のバランスを誰が責任を持って考えてくれるのだろうか。

ここ十年の人工林の急激ともいえる伐採は動植物の生態系にも大きな影響を及ぼしていると考えている。ニホンジカの急増がその一つだ。私は二〇一二年の秋、早池峰を中心とするエリアでニホンジカによる食害調査に参加したが、一五〇カ所にも及ぶ調査地点の全てでシカ食害が見られた。恐らくこの勢いはしばらくは衰えず、農業や林業に甚大な被害が出ると考えられる。標高約二〇〇〇メートルに近い早池峰山頂付近にまでその痕跡が見られるので高山植物への害も危惧されている。

それでは何故これほどシカが増えたのか。ある学者はニホンオオカミが絶滅したため、それによる捕食圧がなくなったことが直接的な要因だとした。が、一〇〇年も前に起きたオオカミの絶滅が今頃、これほどまでに大きな影響をもたらすのだろうか？　原発事故以来北上山系のシカ肉から一キログラムあたり一〇〇ベクレルも超えるような放射線が検出され、めっきりハンターの姿を見かけなくなった。それが一番の理由なんだという人もいた。なるほど、これはかなり影響があると私も思う。それでなくても絶滅危惧種の一つと冗談にされる日本のハンター。岩手県のシカ肉のすべてからキログラムあたり一〇〇ベクレル超えの放射線が出たわけではないのだが、県は今、クマやシカ等の肉の流通を禁じている。猟そのものが減っているのも事実なのだろう。

でも一番の原因はシカの採餌に適した場所が急に増えたことではないかと私は考えている。足かけ三カ月にも及んだシカの食害調査の現場、食害が目立って多かったのは決まって、伐採あとの地や林道沿いの開けた場所だった。このことを考えてみれば当然のことで、木登りのできないニホンジカは高い木が優先している林分では低木や草木を食べるより他はない。伐採跡では植生の全てが餌となる高さにあり、しかも萌芽は柔らかで食べやすいのだ。また私は別の調査で猛禽類の保護のために特別な間伐を施された国有林で、間伐後の植生の遷移について調べたところ、シカの多い林では萌芽更新がほとんど見られなかった。ホオノキやミズナラは毎年萌芽しているが、伸長した部分がすべて食べられてしまっていた。

このまま放置していれば早晩、北上山系も日光や丹沢、南アルプスのように樹皮喰いが始まる。手のつけられない深刻な事態につながっていくと思う。

北上山系開発

「北上山系開発」という言葉を耳にしたことがあるだろうか。北上山系開発は一九六九年に閣議決定された「新全国総合開発計画」の中で、北上山系地域が大規模畜産開発プロジェクト地域に選ばれたことが始まりとなっている。同年、農林省（当時）は岩手県内四八市町村一六〇万ヘクタールを広域農業総合開発基本調査地域に指定。翌一九七〇年には林野庁が岩手県五三市町村、青森県八市町村の一三三ヘクタールを大規模林業圏基本計画調査地域に指定、つまり畜産と林業を二本柱として開発を進めることとした。このうち広域農業開発事業は一九八七年に八区間すべての事業が終わったが、この北上山系に畜産業が健全に根づいたとは言い難いのが現状だ。

私が岩手に来た一九八八年は広域農業開発事業が終わった翌年にあたる。なるほど当時我が家から遠野の町に抜ける林道（大規模林道の前身、当時は細い未舗装路）の両側には広々と牧野が広がり、そこには地元でアカベコと呼ばれていた日本短角種という赤茶色の肉用牛がのんびりと草をはんでいた。

牛の持ち主は秋も深まると山の放牧場から牛を降ろして、家に隣接した牛舎や、時には家屋の一部に造られた牛舎で冬中大切に世話をしてやる。南部曲がり家と呼ばれる岩手県独特の民家の形は、人の住まう空間と牛や馬を飼育する空間が一つの屋根の下にあるものなのだ。まるで家族の一員のように、牛や馬を飼育する岩手人の気持ちのありようがそんな形になったのだろう。春の連休の頃、また山の牧場に上げ、山の草だけで育つ牛たちはストレスも少なく、健康で安全な肉だと一定の人気もあり、実際食べてもおいしかったのだが、いわゆるサシ（脂肪分）の少ない赤身の肉質でミネラル分が多いせいか、切るとすぐに黒っぽく変色しやすいので、市場では安い値がついてしまうのだった。

「なあに、金儲けにはならねえんだ。下手すっと、飼料代にもなんねえんだ。でも……オラワラス（子供）ん時からベコあつかい（牛の飼育）してっからなあ……。ペットだあよ。オラのペット。ハハハ……」。村の方がそんな風に自嘲されていたのを思い出した。大規模林道が完成しても事態は一向に好転しなかった。牛肉の自由化、畜産農家の高齢化、後継者不足等が相まって牛の数は年々目に見えて減っていった。たくさんあった牧野は一つにまとめられ、やがてそこも閉められ、雑草が伸び放題の放棄された牧野となった。広域農業開発事業そのものにも問題があったようだ。発足当初は畜産を強力に推進する映画まで作られていた。

陸の孤島とか日本のチベットと呼ばれていた北上山地もこれからは道路網が整備される。消費地との距離が短縮され、経済的に豊かになる。そう信じて若い人たちが借金してまで畜産や林業に従事したのだった。しかし当時のことを知る方に話を聞くと、開発事業は北上山地の地形や気候をまるで無視した内容が多かったと言うのだ。

外国製の金属サイロや二輪駆動のトラクターだけに補助金がつき、それらはすぐ故障したり、使えなくなって、借金を増やしたという。タワーサイロと呼ばれていたそのサイロはワイヤーで牧草を吊り上げる構造だったと言うが、湿度の高い日本では牧草が水分を多く含み想定外に重くなり、ワイヤーが切れることが多かったそうだ。修理には一〇〇万円近いお金がかかり、そのまま使わなくなることもあったようだ。二輪駆動のトラクターも力不足で使えなくて、買い替えた人もいたという。国や県にそのことを進言した学識経験者もいたそうだが、改善には至らなかったようだ。更に事業を進めてきた国や県は借金を農協におしつけ逃げてしまったという。まじめに働いていた者が億単位の借金をかかえる結果となったのだ。一体、北上山系開発とは何だったのだろうか。同じような農業広域開発は北海道でも九州でも行なわれたと聞いている。しかし、いずれも、早い時期に採算がとれないと気づき撤退し、損害が比較的少なかったという。不平不満を口にせず、まじめに黙々と働く、そんな岩手の人たちの性格がアダになってしまったのは残念でならない。

ここ数年は、残された牧野から、さらに牛の数が減っている。福島第一原発の事故により牧草から基準値を超えるセシウムが検出され、牛たちに食べさせることができなくなったためだ。置き場にさえ困るといった有様だった。白いビニール資材に包まれた牧草の大きな玉がいくつも牧野に放置されているのを見た。結局、消却処分ということになったと聞くが、その灰等はどうなったのだろうか。その後、牧場では放射性物質を吸着するとされているゼオライトの白い粉が大量に撒かれ、大きなトラクターを使って天地返しの作業が続けられている。

気がつくと、ずいぶん長い間、大規模林道と付き合っているなと思うのだ。冒頭にも書いたが、クマゲラの調査に同行したのが、付き合いの始まりだった。そのきっかけがなければ、大規模林道、ひいては公共事業というものについて、私はこんなに考えることはなかったと思う。公共事業の反対運動がそんなに楽しかったのかと問われれば、答えはいいえだ。それどころか、理不尽な嫌がらせにも何度か合った。私は以前、早池峰の自然公園保護管理員という仕事をしていたが、ある時、「これ以上大規模林道の反対を続けるのなら、管理員の仕事はお願いしないことになる」という電話がかかってきた。電話の声は少し震えていた。電話の内容は役場の考えとうけとっていいのですかと問い質せば「友人としての忠告です」と言って切れてしまった。そして翌年、管理人の仕事は打ち切られた。長男が小学校にあがる年、村の教育委員会からスクールバスは出せないと言ってきたこともあった。息子の同級生の父親と二人で教育委員会へ行き、小学校は義務教育であるのだし、以前小学校を統合する際に村がどんなに僻地でもスクールバスは出すと約束しているはずですと食い下がり、何とか出してほしいと、お願いしたのだが、担当者はウンとは言わなかった。あまりに誠意がない返答に同行した方の憤りが爆発した。バーンと机を両手でたたき、立ち上がりざま「いったい、あなた方はどこを向いて仕事されとるんですか！　村長ですか！　村民ですか！」雷鳴のような声だった。横にいた私までもがちぢみあがった。あわてた担当者は悲鳴のように答えた。「村長ですっ」あんまり正直なので私は吹き出しそうになった。「そんなこと言いますがねえ、こんな小さな村で村長に逆らったら生きていけないいんですよ」。結局、村教委ではらちがあかぬと県教委に電話をすると、あっさりスクールバスは出ることになった。よく縦割り行政などと悪口を言うが、それは間違いだ。お役人にも横のチームプレーをちゃんと心得ている人もいるようだ。林野庁とは直接関係のない村教委も村役場も、公共事業にもの申す人には、ちゃんとお仕事をされるのだから。

これは岩手県だけの特殊な事例なのではなく、恐らくは全国で同じようなことがあると思う。地方と呼ばれるところで、その嫌がらせが自分だけでなく家族や親戚にまで及ぶと考えると、たいていの人はもの申すことをためらうのではないだろうか。表向きは、忌憚のないご意見を、と言っておきながら、実際には、公共事業の中には強引な手法で進められているものが多いのだ。

私は同じような構造で原発や震災復興事業も進められているのではないかと心配している。

東日本大震災

二〇一一年三月十一日十四時四十六分。宮城県牡鹿半島東南東一三〇キロメートル、深さ二四キロメートルを震源とする、マグニチュード九・〇の地震が起こった。その爆発的ともいえるエネルギーは巨大津波となり二十九分後には岩手県の大船渡、三十分後には釜石、宮古を襲った。死者一万五八八三名、行方不明二六五二名（平成二十五年十月十日発表）。東日本大震災だ。

そして翌十二日、電源を失い冷却機能の麻痺を起こした福島第一原発の一号機が炉心溶融となり、水素爆発を起こしたのだ。

これまで国が絶対にありえないとしてきた、重大な原発事故が現実のこととなったのだ。悪夢を見ているような気分だった。

十四日午前には三号機も水素爆発。その日の午後には二号機も炉心溶融。十五日には四号機でも水素爆発。暴走し出すと手がつけられない原発の本性を見る思いだった。

水や空気はどのくらい汚染されているのか。この先食料はどうなるのか。避難しなくてもいいのか……。頭の中でいろいろなことがグルグルと回っていた。が、ガソリンが入手できない状態が長引き、出かけることもままならない日々が続いた。国や東電が自分たちの都合の悪い情報を流すとは思えないので、テレビやラジオの情報もどこまで信じてよいのかわからない状態だった。早池峰の自然を考える会で線量計を購入し、仲間と家の周囲や早池峰の線量を測った。食品の線量は自分たちの機器では無理とわかり測定室に持ちこんで測ってもらった。畑の作物や飲料水からは不検出だった。とは言うものの食品の一つひとつを毎日測定することは不可能だ。友人たちからの情報等から判断して食べ物を選んだ。野生のキノコ類は高い値が出ることが多いので今もほとんど口にしていない。山菜類は種類や場所によってばらつきが大きいので確かめてから使っている。民宿で出す食事に毎回頭を悩ますことになってしまった。

有機農業で生計を立てようとしていた友人は、毎日泣きながら家族会議をしているよとハガキをくれていたが、農業をあきらめ引っ越しをしてしまった。小さい子供のいる家族も引っ越した。外国に越した知人もいる。福島から来たお客さんは、仕事があるのでお父さんだけが福島に残り、子供とお母さんは山形に越したと言ってきた。

今まだ原子力発電を推し進めようとする人たちは、そんな人たちの心境を少しでも思ってみたことがあるのだろうか。東北で作られる電気の大部分は東京で消費される。青森の大間原発で作られた電気は東京に届く頃にはその八〇％が熱と電磁波になって消えてしまうそうだ。何故そんな無駄なことをするのだろうか。東京で作ればほぼ一〇〇％利用できるではないか。他者に大きな犠牲を強いることを前提とする原子力発電は結局、東京をも幸せにはしないのだと悟るべきだと思う。

早いもので、あれからもう五年の歳月が流れた。あれほどあった瓦礫の山はもうなくなった。沿岸の高速道路もそれに繋がるアクセス道も着々と延びている。

防波堤の工事もあちこちで始まっている。巨額の税金がこの地域に投入されていることは事実だろうし、誰もがそれを実感していると思う。でも、震災前の暮らしが戻ってきたとか、生活が復興してきたという実感は、少なくとも私にはほとんどない。

岩手の瓦礫処理は秋田県や東京、静岡などに大型ダンプカーで運ぶ広域処理という形で進んだ。どうして地元で処理しないのかとまずは疑問を感じた。三陸沿岸では仕事の不足が言われていた。瓦礫の処理を地元ですれば、それ自体が仕事になったはずだ。お隣の宮城ではそうした取り組みがあったと聞いている。秋田への瓦礫の運搬が始まったまさにその日、私たち家族はたまたま秋田の温泉宿に家族旅行をした。湯船に浸かっていると地元のオジさんが声をかけてきた。「どっから来たの？」「岩手です」「今日、おたくの方から瓦礫が来たんだ」。オジさんの顔がちょっと曇ったように見えた。「あっ、それはどうも……すみません」「いや、俺はかまわないんだけどな。処理場の周りが果樹園なんでな……」

震災瓦礫は一般ゴミとして処理されるそうだ。放射性物質に対する配慮はない。「なんでわざわざ秋田にもってくるのや」。心配はもっともだと思う。

沿岸の高速道路やそれに接続する道路はどんどん延びている。盛岡・宮古間を結ぶ国道一〇六号の高規格化もその一つだ。いくつものトンネルを貫き、直線化すれば、今は二時間もかかるこの間が約一時間で繋がると言う。しかし、今でさえ立ち寄る人の少ないわが村（旧川井村）は、ほとんどの集落がトンネルでパスされることになる。以前にも増して通過地点になってしまうという村人の心配ももっともだ。

「誰のための復興なんだべねえ」地元のおばあさんがポツリとそう言った。

岩手県津波防災技術専門委員会は、今回の大津波で、岩手県沿岸の防潮堤、水門の六四％が崩壊したと報告している。私も震災後、沿岸の町を訪れるたびに、壊れた防潮堤を目にした。はじめの頃はあまりの惨状に唖然とするばかりで何も考えることができなかった。が、何回か見ているうちに、何故これほどまでに簡単に壊れてしまったのかと疑問に思うようになった。重力式と呼ばれる防潮堤はゴロンとそのままの形で横倒しになり、元の位置から一〇メートル以上も移動していた。この方式は一ブロック三五〇トン以上もある自重によって津波を防ぐ防潮堤なのだが、そこの部分を見るとコンクリートと砂利しか見えない。杭や鉄筋がないのだ。大規模林道の法面や擁壁にもこの重力式は多く使われていた。無筋コンクリートで壊れませんかと質問すれば、充分な計算の上で設計されているので問題はありませんとの答えだったが、その後すぐ北海道の大規模林道視察において台風一九号で、完膚なきまでに破壊された擁壁を見たことを思い出した。三面コンクリート方式の防潮堤の危うさも目立った。その方式は比較的大型の防潮堤によく使われているようだ。

私は壊れた三面コンクリート方式を見るまで防潮堤というものはすべてコンクリートの塊だと思っていた。私だけでなく多くの方がそう思っていたのではないだろうか。しかし壊れた現場でよく見ればコンクリートでできているのは海側で五〇センチ、陸側では三〇センチ程なのだ。その中身は土砂の盛り土で素人目にも、これでは壊されても無理はないというのが実感だ。「津波の第一波で崩壊した」と多くの住民が証言している地域もあるのだ。鉄筋もほとんど入っていないので、津波の前の地震でヒビが入ったり崩れたりしたのだろう。津波の時には一平方メートルあたり一一トンという水圧がかかると言われているそうだ。すさまじい水流が発生し盛り土は流されて防潮堤は崩れたのだと思う。

災害復旧事業は現状復旧が基本となる。つまり、災害にあう前の状態に戻す作業なのだ。それは今回簡単に崩壊した防潮堤と同じものをもう一度作ることになるのではないだろうか。何メートルかかさ上げする計画もあるようだが基本的な構造が改善されていないのであれば、大きくすればするほど壊れやすくなるだけではないだろうか。震災直後無口だった沿岸の人たちも、最近はさまざまな話を聞かせてくれる。自然観察会や環境調査の際におじいさんやおばあさんから声をかけてくれるので、そんな時には必ず「今度の防災堤が完成すれば、津波が来ても大丈夫だと思いますか?」と聞くことにしている。

もう一〇〇人以上の方に聞いたと思うが、誰一人、大丈夫だと言った人はいない。その土地を愛し、これからもずっとそこに住み続けていこうという人たちが役に立たないと考えているものが、何百億円もの税金を投下して作られようとしている。復興事業はあまりにコンクリート構造物に偏ってはいないだろうか。安倍政権のいう国土強靭化とは何なのだろうか。私は、復興事業のあり様に大規模林道との関わりで感じたものと同質の何かを感じる。本来、国民の共有財産である国有林を管理する組織である林野庁とその関連団体が、公共事業の名の下、業者と談合を重ね、林野族と呼ばれる国会議員に多額の献金をしていた。緑資源機構は廃止されたが、だからといってその後、国有林や民間林が公益的機能を発揮するさまざまな理想的な管理ができているようには見えない。根本的な反省がなされておらず、あい変わらず国民の方を向いて仕事しているようには見受けられない。全体の六四%もの防潮堤が壊れたのであれば、もっと真摯に反省し、根本的な見直しがなされなければならないと思う。

原発事故について言えば、もっと顕著だ。あれだけ無責任に安全神話を流しておきながら、深刻な事故を引き起こし、政府も東電も、まだ原子力発電に戻そうとしている。次々と生み出されてくる放射性廃棄物の処理方法も確立されていないのに、それを先送りにしている態度は不誠実そのものと言わざるを得ない。結局、国民の命は二の次でお金のことしか頭にない、そんな政治がまかり通っていると思う。

二〇一四年の秋、私は地元で高校教師をされている知人に、津波堆積物を含む地層を見せてもらう機会を得た。

岩手県野田村の海岸に近いその崖は高さ六メートルほどで、約六千年かかって出来たものであると教えられた。近くに寄って観察すると、他の部分とは明らかに異質の砂利で構成されている層があり、それが津波によってもたらされた津波堆積物だった。一番上にある厚さ三センチ程の層が今回の東日本大震災の時のものだと教えられた。さらにその下に三〇センチにも及ぶ堆積物層があり、それは貞観《じょうがん》地震津波（八六九年）のものだそうだ。その下にも約一〇本の津波堆積物がずっと続き六千年の間、いや今は見えないがその下にも恐らく幾重にも重なっているのだろう。人が住もうが住むまいが、この三陸沿岸にはある意味定期的に津波が来ていたのだ。その度に人びとは甚大な被害を被り、打ちひしがれ、また立ち上がり生きてきたのだ。今、この地を歩けば、あちこちに津波記念碑と呼ばれる石碑を見ることができる。宮古市重茂《おもえ》半島姉吉《あねよし》にある有名な記念碑を紹介する。

「高き住居は児孫の和楽　想へ惨禍の大津波　此処より下に家を建てるな」

姉吉の人たちは実際この碑より下に家を建てず、今回人的被害はなかったと聞いている。三陸沿岸の地域には規模こそ大きくはないが、こうした祖先からの警鐘を真摯に受け止め、今回の被害を免れた集落がいくつか存在する。朽ちることのない石に刻まれた文は、家を流され、家族を流された祖先からの声だ。

そんな魂のこもった公共事業はできないのだろうか。多くの人が疑問を持ち、反対の声を上げている防潮堤や河口堰がどうして巨費を投じて作られるのだろうか。

たとえば宮古においては、一八九六年の明治三陸大地震による津波から二〇一一年東日本大震災の津波までの百十五年間に、一九三三年の昭和三陸大地震の津波を合わせて三回も大きな津波に襲われている。このことは、これからもずっと変わらない事実だ。プレートの沈み込んでいる場所に住んでいる限り大地震から逃げられることはまずない。沿岸部に住み続ける限り、津波は必ずやって来ると考えるより他はないのだ。コンクリート構造物で津波を押さえ込むことは不可能だと知るべきだ。そんな場所で原子力発電を行なうのは狂気の沙汰だ。今回の大地震、大津波、そしてそのことによって引き起こされた深刻な原発事故、これらは人類の歴史が終わるその瞬間まで、消えてしまうことのない歴史的事実だ。このあまりに大きな犠牲を伴った大事件を経験して、なお、目を覚ますことができないのであれば、この国は滅ぶより他ないのでは、と思う。一人ひとりがこれから生まれて来る子孫の暮らしを思い、小さな声でもいいから、声を出さなくてはこの国の夜は明けないのだ。

ブナ帯からの反撃　山形の大規模林道阻止闘争

原　敬一（葉山の自然を守る会）

葉山について

　葉山の標高は一二三七メートルで、東北有数の断層崖である。朝日連峰の東南端に位置し、花崗岩の深層風化が進み、ブナを主体とした広葉樹が、山肌の崩壊を防いできた。が、二〇一三年七月の集中豪雨では、葉山を水源とする多くの渓流で土石流が起きた。被害を大きくしたのは、流れに沿って植えられたスギの倒壊によるもので、明らかに人災である。

　葉山の東を最上川が北流していて、最上川と葉山の間に、県内有数の活断層が走っている。

　葉山の東面は、長井市と白鷹町であるが、山麓には多数の縄文遺跡が点在する。また、中腹周辺の平坦で見晴らしの良い地形には、中世城館址が存在する。要するに、人々は古くからこのブナ帯の自然風土に溶け込み、山に生かされてきた。

　葉山信仰についての歴史は、一四世紀以降はある程度知り得る。山頂に葉山宮と月山宮が祀られ、人々は五穀豊穣と祖先の霊魂が籠る神聖な山として崇敬してきた。

1　葉山の自然を守る会結成以前

(1)　山形県産業開発骨幹道路の構想

大規模林道の下書きとなる「山形県資源開発骨幹道路建設予定路線計画」は、一九五八年に作成され、関係省庁に実施促進を要望した。予定路線は、福島県境（赤崩山）～飯豊町（岳谷《たけや》）～小国町（針生平《はんなりた》）～朝日岳～大蔵村（肘折）～真室川町～秋田県境まで、総延長三〇八キロメートルに及ぶ、山形県の中央山岳地帯を縦貫する道路計画であった。

翌五九年には、県と関係市町村（三〇市町村）、経済団体からなる山形県産業開発骨幹道路期成同盟会（会長・安孫子藤吉山形県知事）が結成され、建設促進に取組んだ。

国では一九六四年に、奥地等産業開発道路に関する法律を制定。その後、新全総合計画に基づき、六九年に大規模林業圏が設定された。そして一九七一年六月、一道一七県が参加し、大規模林業圏開発推進全国協議会（会長・安孫子知事）が設立された。七四年に、大規模林業圏開発促進連盟に改組（会長・板垣清一郎山形県知事）。以上は、『山形県地域開発史』（山形県、一九九三年）による。

(2)　山形県自然保護団体協議会の取組み

当会の設立は一九七三年。七六年二月の集会で、大規模林道の朝日町・小国町間の造成反対の決議をし

葉山中腹のブナの森でコンサート（2004年5月3日）

た。同年三月には、林野庁、山形県知事、秋田営林局長等に、朝日町・小国町間の白紙撤回を求める要望書を提出した。

同じ日付で山形県知事に対し、公開質問状を提出。県の回答書では、大規模林道は地域振興諸施策の導入促進、日常生活圏の拡大、生活環境の改善等を図るため、広域交通ネットワークの幹線たる自動車道として、山形県産業開発骨幹道路の線形を基に計画された林道である、としている。

そして、同年四月から五月にかけて現地調査を実施。四月二十四日、二十五日は葉山～黒鴨林道間の調査を行ない、その時の報告書には、現ルートは第三次の計画ルートであり、第一次計画ルートでは、大朝日岳の直下を通る山岳観光ハイウェイが企画されていた、とある。

(3) 日本自然保護協会の意見書

一九七七年九月二十九日付けで、白鷹町長に提出した日本自然保護協会の意見書の概要を紹介する。

タイトルが、最上・会津大規模林業圏開発事業基幹林道朝日南部区間建設に関する意見書とあり、大規模林道計画ルートを廃止するか、白紙還元して、根本的に再検討することを求めている。

その理由の第一は、祝瓶山《いわいがめやま》・小国町北部の金目川上流のブナ原生林の保護のためである。二つ目はルート周辺は全面的に軟弱で、深層風化の進んだ花崗岩地帯であることから、大規模林道工事により、半永久的な山腹崩壊を誘発し、その影響は下流域に計り知れない災害をもたらす、とある。

(4) 山形県林政民主化共闘会議の取組み

山形県林政民主化共闘会議は、一九八五年に『大規模林道路線変更運動小史』をまとめているが、本書の冒頭で山村慶次議長は、次のように述べている。

「山形県林政民主化共闘会議は、昭和四十七年二月に、最上・会津山地大規模林道開設問題に取組んでから、今年で十三年目を迎えました。（略）この間、十次におよぶ現地調査を実施し、四手井京都大名誉教授をはじめ多くの方々から、学問的且専門分野からの多大なるご指導、ご協力を賜り、今日まで確信を持って運動を展開することができました。昭和六十年三月二十三日、ようやく大規模林道政令指定ルートの大幅な見直し、変更について山形県と合意に達し、運動もここに収束の方向を見出すことができました」

山村議長が述べているルートの変更とは、朝日町の一ツ沢から萱野を経て頭殿山《とうどのさん》東面を通り愛染峠に至る計画を変更し、朝日町内の西五百川《にしいもがわ》林道と黒鴨林道を改良して愛染峠に達するというルート変更に過ぎず、基本的に大規模林道計画に賛成なのである。そもそも、頭殿山東面は断崖絶壁で、道路を造ることは不可能なのだ。

そして最大の問題は、当会議が四手井名誉教授の調査報告を、まったく無視したことである。この責任は、非常に重い。

(5) 四手井綱英京都大学名誉教授の警告

四手井綱英名誉教授(二〇〇九年、九十七歳で死去)は、林政共闘会議の要請を受けて、第三次現地調査に参加した。

その調査結果について四手井教授は、木川以南のルートについては、すでに黒鴨林道で証明されているように、多くの崩壊地を発生させ、そこで生産された土砂は下流へ流出して災害を助長することは疑いない。危険この上ない林道設計である。林業に名を借りた観光道路なら、私は根本的に反対の立場をとらざるを得ない、と林政共闘会議がまとめた「大規模林道第三次学術調査報告書」(一九七六年)に書いた。

四手井教授はこの報告書と同様のスタンスで、七六年七月六日付の朝日新聞で、「その余りにも杜撰な計画に驚いたので、計画の再検討と変更を林野庁および県当局に切望する意味で、私の見解を述べようと思い立った。災害をもたらす危険が多く、効用の著しく少ない、しかも自然破壊の著しいこの種の林道に多額の国費が浪費されることには、どうしても賛成しかねるのである」と主張した。

私がこの文章を読んだのは一九八六年のことで、当時、大規模林道工事は雪解けを待って愛染峠から始まることになっていた。しかし筆者は、四手井教授の指摘を知った以上、ただ黙って工事が進行するのを見ているわけにはいかなくなった。

2　阻止闘争第一期（一九八六年〜九〇年）

(1)　葉山の自然を守る会誕生

一九八六年三月十四日夜、白鷹町中央公民館で設立総会が開かれた。長井市と白鷹町の住民三〇名ほどが出席し、大規模林道愛染峠〜中ノ沢間の中止を求めることを目的に、葉山の自然を守る会が結成された（代表は飯沢実、原敬二）。

当初、守る会は、長井市・白鷹町間の中止を目標とする規約を作った。

同年、四月五日、愛染峠（白鷹町）〜中ノ沢（長井市）間の中止を求める文書を、長井市長と白鷹町長に提出した。翌六日、新聞折り込みチラシを発行。チラシには、林業とは無縁の林道、災害を助長する林道、自然環境の破壊等の問題点を記し、民俗学者奥村幸雄の、「白鷹町、長井市にまたがる葉山は、山容といい、信仰の深さといい、置賜随一である（置賜地方には葉山が十ほどもある）。その葉山に大規模林道が通るという。ハヤマ信仰という民衆の心の歴史が分断される思いがして残念でならない。もっと歴史を尊重して欲しいと願う」と、事業に対する批判文を載せた。

七月十日には、工事反対の署名簿を手渡した。一方、大規模林道開設期成同盟会長の紺野貞郎白鷹町長は、工事推進を求める町民五〇〇〇人の署名を集めていた。林道としてのメリットはないが観光の目玉になる、と述べた。期成同盟会長自身が、林業のための道路でないことを認めている。署名については、行政組織を利用して半強制的に集約したもので、公共事業を行なう際の常套手段である。

そして同年八月、愛染峠で大規模林道工事が開始された。起工式は八月五日、黒鴨分校校庭で開かれた。翌八月六日の起工式を報じた『山形新聞』は、「本年度の白鷹町内での工事は、愛染峠付近の約二〇〇メートル区間。山を開削し、幅五メートルの林道を開設する。事業費は五〇〇〇万円。このほか、小国町～朝日町区間では、小国町工区で、小枕山に長さ四六〇メートルのトンネルを掘る。こちらの事業費は、

山形の大規模林道概念図

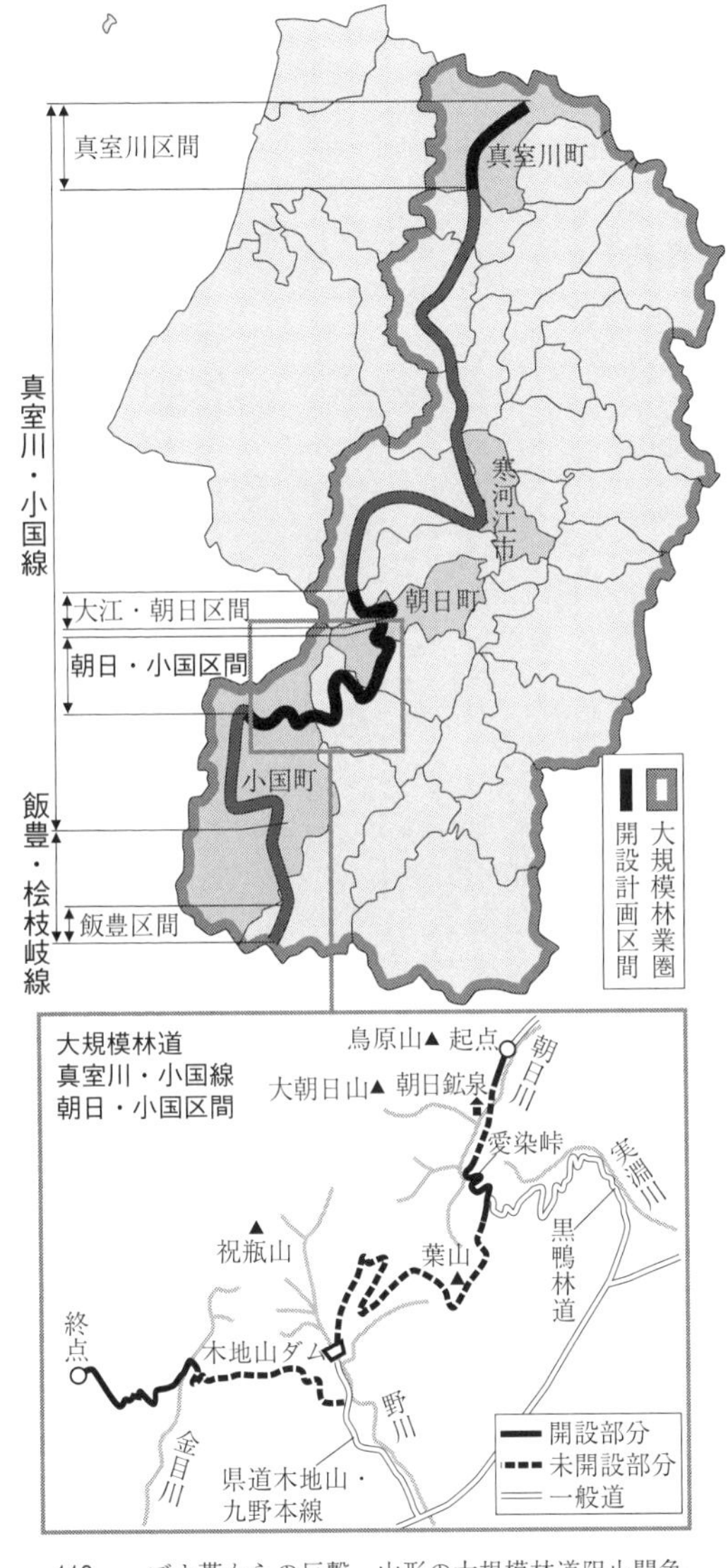

四億二〇〇万円」と書いた。

その数年後、白鷹町役場農林課が発行した、大規模林道宣伝のためのチラシは、次のようなものであった。

「［現在の状況］白鷹町分の事業については、昭和六十一年六月に愛染峠から長井市木地山ダムに向けて、幅員五メートルで工事が始まり、現在一五〇〇メートルほどの開設と四〇〇メートルの舗装が終わり、りっぱな道路ができております。工事を行なうにあたっては、出来るだけ木を切ったり山を削りとったりしないようにするとともに、災害を引き起こすことのないように設計し施工されています。

［林道が完成すれば］林道が完成すれば、今までに植えた杉などの手入れが十分に出来るようになるとともに、天然林についても、適正な保護、管理ができるようになります。また、災害の発生を未然に防いだり、自然発生の土砂崩れ等の被害を最小限に食い止めるための治山事業も可能となり、雄大な自然環境の中で動植物の観察や森林体験学習が可能となるとともに、葉山神社がより身近なものとなり気軽に安全に参拝できるようになります」

以上であるが、非常に欺瞞に満ちた、許しがたい文章である。チラシの文章とは裏腹に、実際にはブナをなで斬りし、法面工事と称し夥しいほど山肌を切り崩し、ロシア産のバーク堆肥（土壌改良剤）を吹き付け、カナダ産のピートモス（同）を植えつけ生態系を乱した。挙句の果てには、工事中の路面が大崩壊し、災害を誘発させている。

そして、由々しき事の最たるものは、葉山神社がより身近なものとなり気軽に参拝できるようになります、の部分である。葉山山頂には、葉山宮と月山宮が祀られている。麓の人々は昔から、作神信仰と祖霊信仰の対象として葉山を大切にしてきた。ハイヒールで参拝可能を宣伝する町行政の品格を疑う。山岳信仰や登山についての見識が、微塵も無い。

私たちが葉山の自然を守る会を作ったのは、このような行政に対しての憤りからであった。四手井教授の警告を無視し、林業振興とは名ばかりの、自然破壊道路が南進していくのを黙認できないからであった。しかし、守る会に集まった長井市と白鷹町の住民の多くは、私も含めて、自然保護協会すらも知らなかったから、当然、山形県自然保護団体協議会の存在も皆目分からなかった。ある意味で、怖いもの知らずだったから、守る会の運動は、負けなかったのかもしれない。いずれにしても、それこそ必死の思いで学習し、ありとあらゆる戦術を駆使した

⑵　葉山週間

守る会が誕生して三年目、少しは自然保護運動とは何か、も分かりかけてきた。一九八八年三月十九日から二十七日まで、長井市民文化会館で守る会が主催して「葉山週間」を開催した。「葉山の森こそが、私たちの文化の底流にあるといっても過言でありません。その葉山に、自然破壊でしかない大規模林道が建設されています。（略）今ここで、私たちが生かされてきた恵み豊かな葉山を見つめ直し、私たちの暮らしのありようを考える機会にしたいと思います」を趣旨として、写真展、自然食品即売会、シンポジウム、葉山登山等を実施した。

シンポジウムの基調講演は根深誠氏で、演題は、森と渓流の挽歌であった。パネリストは、志田忠儀、森芳三、蒲生直英、奥村幸雄、安部幸作の各氏に依頼した。開会行事の進行は新野祐子事務局長、あいさ

つは飯沢実代表と高橋敬一弁護士（青年法律家協会）等であった。シンポジウムに先立ち、「白川以北一山百文」で知られるフォークグループ影法師（長井市）が「葉山参道」を歌った。

葉山週間の直前、朝日新聞山形支局の田代温記者の肝煎りで、同紙山形県版（一九八八年二月二十日付）に私は、工事の中止を求める文章を書いた。少し長くなるが、全文を掲げる。

「ブナの実一升金一升、という言葉があります。豊かに育ったブナの森は、それほどの価値がある、というのです。豊かな森は保水力に優れ、緑のダムとも言われてきました。

置賜地方には多くの草木供養塔が残っており、一枝を切らば一指を切れ、一本を切らば一身を切れ、と木を大切にする教えを顕彰しています。

明治二十五年の長井村白兎区有入合申合規約第二条には、用水涵養ノ目的ヲ以テ、旧来ノ慣例ニ随ヒ、ブナノ木ハ伐採マタハ枯損木タリ共拾取運搬スルヲ得ズ（白兎郷土資料）とあり、昔の人がいかに森や自然を大事にしたかわかります。

ところが今、こうした豊かな自然を持つ白鷹町、長井市、朝日町の境の葉山に、大規模林道という自然破壊、税金無駄遣いの道が造られています。このような道路の建設には絶対反対です。

大規模林道真室川・小国線の、朝日～小国区間は約七〇キロメートルあり、総事業費が一六〇億円という大事業ですが、朝日町と白鷹町境の愛染峠から葉山周辺の間は、標高が一二〇〇メートルもあり、林道としての機能は全くないのです。

植林に用いられるスギは、山形県では、標高六〇〇メートル辺りが育林の限界といわれます。それをはるかに超える標高に造る林道に、どんな意味があるのでしょう。林道周辺のブナなどの木を切ったら、後は木材生産に何の貢献もしません。

このことは、白鷹町でも、林業のメリットは無い、観光の目玉になる、と言って認めています。しかし、観光道路としても、どれだけ効果があるのか非常に疑問です。この辺りは、花崗岩の深層風化地帯で、しかも豪雪地です。道路を造っても、土砂崩れ、雪崩による被害がひどく、その維持補修費用は莫大なものになります。このことは、黒鴨林道が激しい土砂崩れを引き起こしていることで明らかです。さらに、維持管理費は地元の長井市、白鷹町が負担するのです。崩れた土砂は沢に流れ込み、新たな砂防工事を必要とするでしょう。

道路予定区間は、偽高山帯と言われる、植物が豪雪などの厳しい自然と、ギリギリのバランスをとって生態系を成り立たせている地域です。いったん道路などのほころびができれば、そこから、限り無く自然破壊が進み、葉山はまったくの荒れ山になるでしょう。

かつて、この大規模林道調査のため葉山を訪れた四手井綱英京都大学名誉教授は、林道は林業外の野心（観光道路）を捨てて、林業本来に帰るべきで、もっと低山帯の真の林業地帯を通過するよう改めるべきで、林業に名を借りた観光道路なら、私は根本的に反対の立場を取らざるを得ない。観光道路としてこの林道が主張されるならば、自然破壊の面から私は、絶対に反対する立場を取りたい、と述べています。

私たち葉山の自然を守る会では、昨年の十月十一日に、大規模林道工事の現地踏査をしましたが、驚いたことに、愛染峠付近は水源涵養保安林になっているにもかかわらず、ブナを皆伐して植えたスギの下刈り作業に、除草剤（粒剤クサトール）を大量に散布していたのです。大変なショックを受けました。愛染峠一帯の水は実淵川《さねぶちがわ》に流れ込みます。そしてその水は、白鷹町民の飲み水になっているのです。かつて作家の有吉佐和子さんは、著書『複合汚染』の中で、最も危険なのは、除草剤の体への影響だ、と指摘しました。

幅五メートルの道路のために、五十メートルも斜面（法面）が削られており、その斜面には果たして育つのだろうか、カナダ産のピートモスが植えられていました。工事中で行きどまりの道路の正面は、二十メートルはあろうかという壁でした。来年もまた、ここにダイナマイトを仕掛けて、山を崩していくのでしょう。

葉山信仰の歴史は古く、山頂に葉山宮と月山宮が祀られ、葉山山麓の人たちは、死者の霊魂はハヤマに籠ると信じてきました。また、五穀豊穣の守護神として心から崇敬してきました。この山に、こうした無意味な税金無駄遣いの道路が通ろうとしています。葉山山麓に生まれ育った者として、大きな憤りを覚えます」

以上であるが、なぜ長々と投稿文を掲げたかというと、その当時私（三十九歳）は、白鷹町教育委員会の職員であった。白鷹町長は、大規模林道開設期成同盟会会長である。二月二十日の朝日新聞に顔写真入りで、この文章は載った。このとき、これで本気でやらなければならない、と覚悟を決めた。

(3) 異議意見書の取り組み

一九八九年一月二十八日の河北新報によると、葉山の自然を守る会は一月二十六日夜、白鷹町中央公民館で総会を開き、農林省が、大規模林道工事を先に進めるため、保安林の解除予定告示をした場合、異議意見書で対抗することを決めた、とある。

一九八七年、白神山地の、青秋林道に反対する連絡協議会は、一万四〇〇〇通に及ぶ異議意見書を提出、その結果、工事を中止に追い込む重要な決め手となった。

八八年中に、愛染峠の大規模林道工事は、葉山山頂に向かって一・五キロメートル開通したが、工事を先に進めるためには、水源涵養保安林、土砂流出防備保安林の解除が必要であった。農水省が保安林解除をして、はじめて樹木の伐採、工事が可能となる。農林水産大臣は解除前に官報告示をし、この日から三十日以内に異議意見書を提出できる。意見書の提出があった場合は、聴聞会でその理由を聞かなければならず、多数の意見が出た時は、書類審査などに膨大な時間が必要となり、その間、工事はストップする。

私は、青秋林道阻止に取組んでいる青森の知人に電話し、異議意見書の写しを送ってもらい、高橋敬一弁護士のレクチャーを受け、原告適格について学び、羽田孜農林水産大臣宛の異議意見書を作成した。意見書の骨子は、林業振興に結び付かない、土砂崩れなどの災害の誘発、ブナ原生林及び高層湿原の破壊、葉山登山の意義喪失、葉山信仰の冒瀆とした。

この時点で、日本自然保護協会の工藤父母道氏によれば、白神山地の青秋林道反対運動で戦術として絶大な力を発揮した異議意見書について、白神以前の事例で聴聞会が開かれたのは、鹿児島県志布志湾の海岸林伐採、それに長沼ナイキ基地訴訟など数例しかない、とのことであった。

白神の青秋林道に続き、葉山の大規模林道問題に関して異議意見書の取組みが行なわれると、室蘭岳、丸森林道（宮城県）、梅田林道（群馬県）等、全国各地の市民運動でも、きわめて有効な戦術として採用された。

葉山の自然を守る会の異議意見書は、長井市民や白鷹町民をはじめ、多くの労働組合や良識ある県民の支援を受けた。さらに、全国の自然保護団体の協力もあり、わずかな期間で七〇〇〇通を超えた。

その結果、愛染峠から先の保安林は解除されず、七〇〇〇通の意見書を提出する前に終結した。そして翌九〇年六月、白鷹工区は一時工事中止となる。

小国の自然を守る会も、九〇年七月から、大規模林道小国工区の異議意見書の取組みを開始し、約四〇〇〇通を集めた。小国工区の場合も保安林解除はされず、最終的に工事は先に進めなかった。

全国各地の異議意見書の取組みに業を煮やした農水省は、一九九一年五月、森林法施行規則を改正し、直接の利害関係を有する者であることを証する書類を添付しなければならないとしたが、遅きに失した。

(4) 大規模林道促進協議会設立

一九八九年三月半ば、守る会の異議意見書の取組みに危機感を募らせた開発推進側の白鷹町鮎貝自彊《あゆかいじきょう》会、白鷹町森林組合、白鷹町公団造林連絡協議会は、町議会に対し、大規模林道の整備促進を請願した。隣接する長井市の森林組合、農協、商工会議所、長井ダム推進協力会なども、白鷹町に呼応する形で、大規模林道事業促進協議会を設立した。

この協議会が、当時発行したチラシは次のようなものである。「大規模林道は広大な森林を健全に育てるための大動脈として考えられたもので、真室川町から朝日町、白鷹町、長井市を通り小国町へと向かう幅五メートルの林道です。長井市内は白鷹町を経由し、葉山山頂の東側から入り、木地山ダム湖畔を通り約二〇〇〇メートル南下し小国町へと向かいます。この林道の線形を決めるには、大学の専門の先生にお願いし何度も調査を行ない、多くの方々のご意見をお聞きし、森林の育成と保護の両面から検討し、自然破壊や災害のない自然に溶け込むモデル的な林道として検討されました」。一〇〇〇メートルを超す葉山の稜線に造られる道路が、なぜ自然に溶け込むモデル的な林道なのか、理解に苦しむ。あまりに厚顔無恥な文章に、辟易する。

八九年八月三十日、森巌夫鳥取大学教授の記念講演を軸とした大規模林道事業促進大会が、白鷹町中央公民館で開催された。翌日の山形新聞によれば、林道関係者ら三〇〇人が参加。白鷹町長が大規模林道は、治山治水の管理道路として重要な役割を持つ。早期開設を目指し、全力を挙げなければならない、と挨拶したとある。

八六年七月、白鷹町長は、林道としてのメリットはない、観光の目玉になる、と話したことを思うと、三〇〇人を前にして檄を飛ばしたその豹変ぶりに驚く。

この年六月、愛染峠・葉山間の測量伐採が問題になったが、九月二十七日に岩佐恵美衆議院議員(共産)が現場を踏査した。そして十一月十四日、岩佐議員の紹介で霞が関を訪問し、環境庁の山内豊徳自然保護局長に対し、葉山の大規模林道工事の中止を要請した。

(5) 「不伐の森条例」制定直接請求

大規模林道事業促進大会が開かれたその日、葉山の自然を守る会は、地方自治法第七十四条第一項の規定に基づき、葉山一帯のブナ林を永久に伐採しない条例の制定を求めて、白鷹町に対して直接請求を行なった。

農水省の中海宍道湖の干拓、淡水化事業に反対して、この事業に歯止めをかける目的で一九八八年一月、島根県内の住民が、同県に対し制定を求めた景観保護条例等に学び、守る会の第四十八回事務局会でブナ林不伐の条例案を作成した。

（案）葉山一帯のブナ林永久不伐の森条例

第一条（目的）

この条例は、日本画壇の最高峰、小松均画伯が描いた葉山の原景を後世に伝えるため、葉山一帯の白鷹町におけるブナ林を永久不伐の森と定め、そのために必要な事業を行なうことを目的とする。

条例案は三条から成るが、ここでは詳細は省く（拙著『ブナの森に大規模林道はいらない』に概要記述）。

八九年十二月十九日、白鷹町議会が開かれ、初めに町長が、大規模林業圏開発計画推進を理由に、条例案には賛成できないと述べ、その後五時間に及ぶ質疑、討論の結果、予想どおり反対多数で条例案は否決されたが、条例案を支持した本木勝利、森頼富両町議の討論は実に見事だった。

翌十二月二十日の『毎日新聞』は、「傍聴者席は、守る会のメンバーや地元住民ら七十人で埋まり、立つ人が出るほどの状態。賛成派議員が慎重な審議が必要との理由から、地方自治法に基づく証人喚問や調査委設置を求める発議、動議を相次いで提案したが、いずれも反対多数で否決された。今回の結果に対し、守る会の原敬一代表は、法的疑義があるなら、証人喚問を認め審議を深めるべき。残念だが、今後も林道

葉山山頂、市民アセス。左から２人目が清水修二氏（1990 年 6 月 24 日）

建設反対を呼びかけていくと話していた。また紺野貞郎町長は、対立が起きたことは残念だが、町当局の意見が議会でも承認されほっとしている」と報じた。

確かに条例案は否決されたが、この取組みは高く評価された。同年十月二十九日、青年法律家協会山形支部から寄せられたメッセージには、「不伐の森条例制定の直接請求運動は、日本において初めて提起された画期的なものであり、この運動の成功は間違いなく日本国民に高い評価を受け、白鷹町民の名誉ある勇気を後世に伝えることとなる大事業」とあった。

(6) 白鷹工区、一時中止（九〇年六月、白鷹町議会）

八九年には、山形選挙区の衆議院立候補者や山形県知事立候補者に対し、大規模林道の是非を問う公開質問状を送った。

そして九〇年三月十八日、大規模林道周辺環境アセスメント調査団がスタートした（長井市勤労センターにて）。企画したのは、葉山の自然を守る会、小国の自然を守る会など。

調査団は森芳三山形大学名誉教授（二〇一三年死去）を団長に、イヌワシ調査班（鳥海隼夫、渡辺武夫）、植物班（清水大典、青柳和良、渡辺隆一、阿部守、島林敏）、昆虫班（草刈広一、加藤和彦）、地域経済・法的環境班（清水修二、高橋敬一、井上靖彦）、歴史地理班（川崎利夫）の五班でメンバーは一四名であった。

発足式には約七〇名が参加。立花繁信日本イヌワシ研究会副会長が、天然記念物イヌワシの生態と保護のタイトルで基調講演。シンポジウムで森団長は、自然と人間のあり方を考え直し、新しい市民生活のあり方をこの調査を通じて探していきたい、と決意を述べた。

イヌワシ調査班は、同年四月十一日、小国町の金目川上流・孫守山周辺でイヌワシの成鳥一羽、幼鳥一羽を確認した。イヌワシの巣から大規模林道建設予定地まで、直線で約二・五キロメートル。その後、五月九日には、山形県の調査団も、同地でイヌワシが生息していることを確認した。

そして六月十三日、白鷹町定例議会で白鷹町長は、白鷹町内の区間の工事が一時中止されることになった、と報告した。建設推進派議員の猛反発を浴びた町長は、反対派の圧力に屈したわけではない、誠に遺憾、と釈明。さらに、森林開発公団、山形県と三者で話し合い、朝日町工区を優先させる方が効率的なので、白鷹工区を先送りすることにした、と述べた。

この時点で、愛染峠から葉山に向かって進められた白鷹工区の大規模林道工事は、一・六キロメートル造成されていた。白鷹町長が、朝日工区を優先させる方が効率的、と説明したことで明らかなように、先述した七〇〇〇通の異議意見書が、絶大な威力を発揮したのである。

3　阻止闘争第二期（一九九一年～九五年）

(1)　人事委員会闘争

葉山の自然を守る会を立ち上げてから五年目で、白鷹工区は一時中止となったが、この成果は、異議意見書や不伐の森条例制定直接請求の取組みが功を奏したのは間違いないが、当局を限り無く窮地に立たせ、決定的ダメージを与えたのが人事委員会闘争であった。

一九八八年四月一日、私は社会教育係長（社会教育主事でもあった）から下水道普及係長へ配転された。それまで数回にわたって、町長や上司である教育長から運動をやめるよう強要され、特に教育長からは職員を辞めてやれ、と言い渡されていた。

だから、下水道への配転は、見せしめのための異動であることは明白であった。その前の年に、町の社会教育委員会議がまとめた「白鷹町社会教育の振興計画について」では、社会教育関係職員の異動の場合、本人の意向の確認など考慮すべきである、と記述されているのだが、勿論そのようなことはなかつた。

先述したが、町の方針に反して大規模林道反対の運動を続ければ、早晩、必ず圧力をかけられると考えていた。それが、人事異動の形で実行された場合、どうするか。実は、その対策はできていたのである。

中央大学教授の島田修一氏（一九三五年生）は、社会教育主事として不当配転撤回闘争を勝利したことで知られる。その撤回闘争については、一九八二年に埼玉県富士見市で開催された第二十二回社会教育全国集会（社会教育推進全国協議会主催）に参加して以来、全国大会の常連（？）になっていたので、島田教授の配転闘争はよく知っていた。

『長野県喬木村社会教育主事不当配転問題資料4』（社会教育推進全国協議会発行、一九七一年）によれば、島田氏の配転闘争の概要は、次のとおりである。

昭和三十四年（一九五九年）四月、東京大学教育学部卒業と同時に、長野県喬木村教育委員会社会教育主事として着任。以後、昭和四十一年四月まで、青年教育や婦人教育などで民主的な社会教育を実践、県内外からも高い評価を得る。

ところが、災害復旧工事に絡めた、押しつけの農業構造改善事業への疑問など、切実な学習課題をテーマに据える島田氏の社会教育実践は、村政批判に結び付く。その結果、当局や保守勢力から警戒の目で見られるようになる。そして昭和四十一年四月、島田氏（当時三十歳）は社会教育主事の職を解かれ、小学校と中学校三校勤務の図書整理係に異動を発令される。この配転撤回闘争は、公平委員会で審理され、昭和四十四年に原職復帰を勝ち取る。

この先例と資料があったので、私の場合の不当配転撤回闘争は、確かなシナリオが描けた。要するに白鷹町は、原に対して、喬木村が島田氏に発令したと同様の処遇をしたのだから。二十年余の時間差はあるけれども、行政が行なう構図は同じなのだ。

八八年五月二十七日、山形県人事委員会に対し不服申立てを行なう。第一回の公開口頭審理は、翌八九年二月三日、七〇余名が見守る中、山形県庁で開かれた。そして、第十回が九一年二月で、第十一回目が五月十日と決まり、白鷹町長の証人尋問が行なわれることになった。

ところが、何としても町長の証人尋問を回避したい当局は、双方の代理人（弁護士）をとおして、（原が）

中立てを取り下げれば、町長はこれまでのことにはこだわらない。かつ、将来、社会教育主事としての能力、資質を活かせる職場に配置換えすることを確約する、と打診してきた。……勝ったのだ。

同六月二十七日、「異動に専門性を考慮し、職員が行なう住民運動に干渉しない」を骨子とする確認書を取り交わし、七月一日に中立てを取り下げた。

その後、九五年四月に教育委員会へ戻り、二〇〇六年三月に退職した。九一年七月二十四日、白鷹町荒砥地区公民館で行なわれた人事委員会闘争勝利報告会で、代理人の一人、高橋敬一弁護士は、「今回の人事異動の発端は、原さんが葉山の大規模林道に反対している、その点から出発した訳で、公務員が市民としてする運動について、職場の長、あるいは管理職が、いかに町の方針に反対するからといっても干渉することは許されない。当たり前のことに、反する事態が起きてしまった。それに対する素朴な怒りがあって、不利益処分の中立てになった。県内で自然保護運動をしている人が、わりあい公務員の方が多くて、その意味では身近に感じられた問題だと思います。原さんが何もしないで人事をのめば、公務員で自然保護運動をしている人にとっては、先頭に立ってやっていれば、いずれは自分もああいうことが起きるのではないかと、そういう不安を抱かせる人事だった。自然保護運動をしている者にとって、今回の確認書というのは、大きな意味を持つ大事な確認じゃなかったかと思います」と話した。

この人事委員会闘争の最大の目的は、ここにあった。ようやく、憲法が保障する基本的人権が、日常の生活の中で確保できたのである。

不服中立てをして間もない頃は、「何をやっているのだ!」と職場に怒鳴り込んでくる町民がいたり、夜遅くまでいやがらせの電話が掛かってきたりもした。そのようなことも含めて、以後、守る会の運動に対して、法外な圧力は無くなった。

ところが、白鷹町職員労働組合は二分した。当局の走狗となり、大規模林道事業のどこが悪いと開き直り、事業推進を標榜する組合員が、多数誕生したのである。それによって彼らは、みごとに昇進し、反対に人事委員会闘争の代理人に名を連ねた私の仲間の職員の多くは、冷や飯を食わされた。

また、小中学校で一緒だったある同級生は、落とし穴というタイトルで次の文章を書いた。「端で見る限りさしたる事にはみえないのだが、自分の人事移動を不当だと言った役人がいた。どうやらこの御人には、自分のおかれている立場を客観的にみる事など思いも及ばぬ事らしい。言い方は情緒的だが、この人にはもう少し広く世間を見渡し、自らのこれまでの生きてきた時間を静かに顧みる必要がありはしないか。例えば四国八十八カ所の霊場を回るとか。芭蕉のたどった道を歩くとかして。死角は小さい方がいい。否、小さくする努力をすべきで、そうしないと不意に足元をすくわれたり、落とし穴に落ちたりする」(一九九二年)

辞書で調べてみると、落とし穴とは人をおとしいれる謀略、陥穽とある。陥穽に嵌ったのは当局ではないのか、などと思えば失笑してしまうのだが。

次に、山形県立南陽高校の一年生たちの取組みを紹介しよう。現代社会の授業で、葉山の自然を守る会が提起した、不伐の森条例制定直接請求を学習した生徒たちは、一九九一年から三年にかけて、四回にわたり白鷹町長へ手紙を出した。

その一例を紹介すると、「私は南陽高校の生徒です。そして白鷹町民の一人でもあります。今私達は、現代社会の時間に、地方自治の勉強をしています。この前の時間に、葉山の不伐の森条例について学習しました。私はまだ有権者ではありませんが、白鷹町民として、この問題のことを真剣に考えなければならないと思いました。葉山の大規模林業圏開発は、確かに地域の振興につながるかもしれません。でも、それだけが発展の道でしょうか。葉山に林道ができるかわりに、自然を失ってしまいます。葉山の麓に住む私達にとっては、とても悲しいことです。林道を造るのはやめてほしいと思います。貴重な財産である自然を失いたくないのです。ただでさえブナ林は、日本から消えつつあります。それを守ってゆくのが人間の役目なのではないでしょうか。だから林道工事の中止をもう一度考えてみて下さい」（大滝美帆、一九九一年十一月）。

葉山の大規模林道問題とは一体なになのか、なぜ不伐の森条例の直接請求をしたのかを、非常に真剣に考えている。高校生の手紙に対し白鷹町長は、三回返事を書いているが、肝心の問題点をはぐらかして、高校生たちの疑問に答えていない。

指導にあたったのは、高梨直英教諭。白鷹町長への手紙の件が新聞にとりあげられてから数回、管理職などから干渉があった。校長に呼ばれ、公正中立を欠くような偏った教育をしている、と批判もされた。それに対し彼は、「私は、林道反対という考え方を押し付けたことは、一度もない。君たちはどう思うかと、生徒にも自分の意見の表明を求めた。その結果、大部分の生徒たちは、林道反対というよりはむしろ、郷土の貴重な自然を大切にしたいという基本的価値認識を、自己の中に呼び起こしたのである」と反論している（「日教組第四三次教育研究全国報告書」）。

次に紹介するのは、工藤吐夢さんの卒業論文である。彼は、東北大学文学部人文社会学科を卒業したのであるが、卒業論文は「大規模林道建設反対運動についての研究」（二〇〇二年）であった。字数は、四〇〇字詰め原稿用紙で優に二〇〇枚を超える大論文で、人事委員会闘争については、次のように評価している。

「この人事委員会闘争は、人権問題として新聞各紙で大きく扱われた。そのため、守る会の活動自体も紙上に出ることとなり、結果的に活動の大きなアピールとなった。こうした報道は、大規模林道問題への関心を高めるとともに、姑息な手段をとる開発側に対しても、批判の目が向けられることになった。このような運動側の人間に対する個人攻撃などについて、原氏は、あちらが何かすれば、かえってこちらが動きやすくなると言う。この人事委員会闘争は、およそ三年の歳月と多大な労力が払われたが、結果として運動側の正当性を証明、主張し、活動の自由を保護することとなった」(同論文、三八頁)。

九一年八月二十六日の夜は、長野県栄村に泊った。この年の社全協全国集会は、長野県松本市を中心に開かれ、最終日は高橋彦芳氏(元公民館主事)が村長を務める栄村に遊んだ。偶然にも、島田修一教授も一緒であった。

また、住民運動のあるところには、必ず意図的に組織された住民の学習があり、そこでは住民運動が大きく人間を変える、こう主張する藤岡貞彦一橋大学教授とも意気投合し、夜を徹してしたたかに痛飲した。

(2) 原生林・里山・水田を守る全国集会(米沢)

葉山週間で守る会の主張をアピールし、不伐の森条例制定請求の取組みで、運動の一層の高揚を図り、異議意見書の集約により、白鷹工区の一時中止を実現させた。さらに、人事委員会闘争の勝利によって、守る会の運動は、さらなる飛躍を保障された。

工藤吐夢さんの卒論発表会（2002年2月、白鷹にて）

マイナーな運動を、よりメジャーなものに形成させていくことが、次の段階のテーマであった。最終のターゲットは、霞が関への反撃である。

一九九二年十一月七日~九日の三日間、米沢市を会場に、原生林・里山・水田を守る全国集会を開いた。主催は、日本の森と自然を守る全国連絡会。

全国集会資料集『日本の森と自然は今』で森芳三実行委員長は、次のように述べている。「今回の森と自然を守る全国集会を、米沢市を開催地にし、しかも原生林・里山・水田を守るというので開催することは、大変感銘深いものがあります。東北地方はまさに自然の宝庫とされながら、最も深く痛めつけられているのです。ですから、リゾート法の廃止や環境基本法が民間団体のアセスをこめて立法化も要求したい。しかし、準備会を重ねながら感じたことですが、森林の保護の設定というのが、一種の隔離に落ち着くことです。行政の発想のままに、自然保護をゆだねることはできないのです。自然と人間の正常なあり方を保つ体制を民間は民間で築くこと、各国の自然保護運動と連帯することは、とても大切なことになってきました」

因みにこの年は、六月にリオデジャネイロで地球サミットが開催され、地球と人類の将来に対する危機感が高まっていた。

日本の森と自然を守る全国連絡会（八木健三会長）は、一九八八年に長野県で集会を開いてから、知床、盛岡、奈良で全国集会を開いてきた。九一年の奈良集会には、葉山の自然を守る会からも大挙（？）して参加し、懇親会の席上、酔った勢いで、第五回の全国集会は山形でやります、と宣言してしまった。

米沢集会の全容については、『原生林・里山・水田を守る！』（無明舎出版、一九九三年）に詳しいので、ここでは概要のみを記す。当時、葉山の自然を守る会は、山形県自然保護団体協議会の幹事団体の役職にあったため、守る会は全国集会づくりの中枢を担うようになる。集会名の、原生林・里山・水田を守るについては、激論の末決着したものであるが、草刈広一氏（月刊・東北の自然の編集人）の思い入れが特に強かった。

最近の毎日新聞の記事であるが、野坂昭如氏の弁。「元来、農には食糧安保とは別に、自然を守る役割がある。その土地の風土にあった農法を用いて小さな田畑、傾斜地の生産地でも、父祖伝来の土地を、工夫を重ねながら守り続ける。そこで穫れる作物も恵みだが、農業によって守られてきた自然こそ財産」（七転び八起き、二〇一四年六月二十四日）。

本集会の事務局会は、第十四回以降は、米沢市教職員組合の事務所の一部を借りることになり、草刈広一氏が専従することになる。

二十七回の事務局会討議と、五回の実行委員会を経て作られた米沢集会（会場は米沢市体育館ほか）の内容は、岩崎駿介筑波大助教授やますむらひろし氏の講演など三本、現地報告は外塚功弁護士のブナ原生林伐採禁止訴訟報告（山形県小国町）ほか五本、分科会はブナと大規模林道、森林生態系保護地域、田んぼを守ろう、暮らしの中から自然保護、リゾート法廃止に向けてなど一〇の分科会で、報告数は五六本であった。

報告者はまったくの手弁当で参加し、白熱した議論が展開された。このほか、大規模林道（小国町金目川上流）などの現地見学も企画された。集会には全国各地から、延べ一六〇〇名が参加し大成功をおさめた。集会費用は九〇〇万円を超える支出であったが、赤字にはならなかった。

集会参加者の確保に奔走した斎藤浩集会副委員長は、『原生林・里山・水田を守る！』に、次の一文を寄せている。「集会当日の朝、緊張感がみなぎる。どの位の人が集まるのか非常に不安であった。米沢駅八時半着の新幹線に合わせて、九時頃から県外の参加者が続々と増えていく。開会の十時、体育館内には、実行委員を含め四〇〇人を超えているようだ。それでも、まだ人が増え続けている。十時半には五〇〇人を超え成功を確信した。確実に一〇〇〇人を超えることが可能となったからである。思わず、原事務局長と握手してしまった」。

集会最後にまとめられた米沢アピールには、世界遺産条約に推薦された白神山地のブナは守られたけれども大規模林道工事などで東北を含む日本のブナ林は、依然として切り倒され続けている。縄文以来の東北の文化の根幹を築き、生命の源である水を生み出してきたかけがえのないブナを、これ以上営利のために伐採することは、絶対に許されない。以上の文言が記載された。

(3) 参議院予算委員会で堂本暁子議員が質問

九三年三月二十二日、参議院予算委員会で堂本暁子議員（社会党）が大規模林道について政府の考えを質した。国会で初めて、大規模林道問題が取り上げられたのであるが、堂本議員は前年の米沢集会に参加して大規模林道問題を知り、国会での質疑となった。

当日、初めて国会の審議を傍聴した。宮沢喜一首相も出席する中で、堂本議員の質疑が行なわれた。答弁に立ったのは、松田堯森林開発公団理事長と田名部匡省農林水産大臣。

堂本議員は公団が実施してきた自主アセスメントについて、次のように発言した。「当事者がやっても、余り意味はありません。山形県の大規模林道真室川・小国間ですけれども、ここにはイヌワシとか、大変美しいブナの林がありますけれども、公団のアセスメントでは、イヌワシは調査対象に入っていないということでした。アセスをもう一度やり直し、きちんと結果を知った上で計画を見直すぐらいのことをしていただきたい」（第一二六回国会参議院予算委員会会議録）。

さらに堂本議員は、同年十一月十日の環境特別委員会でも、葉山の大規模林道問題を取り上げている。政府側の答弁は、広中和歌子環境庁長官と大槻幸一郎林野庁基盤整備課長であった。

その六日前の十一月四日、堂本議員の紹介で私は、専修大学付属高校の小岩清水教諭と共に、広中和歌子環境庁長官を訪問した。長官は、地元の利害があって調整は難しいと話したが、ある程度、現地のことは、理解してもらえたと感じた。小岩教諭は九一年に葉山湿原調査を実施、九三年夏には葉山自然教室を開催。九五年八月の『緑の断層崖』（プロデュースは宇津木正紀）出版祝賀会では、記念講演の講師を務めた。

(4) 山形県自然保護団体協議会の県知事交渉

九三年十二月十日、自然保護団体協議会と高橋和雄山形県知事との会談が県庁で行なわれた。同協議会と知事との話し合いは、一九七二年以来。協議会からは、大規模林道朝日・小国区間の工事中止や鳥海山スキー場建設破棄、山形市のカモシカ銃殺の中止など八項目の要望書を提出、質疑に入った。

大規模林道問題について知事は、「話し合いでルートを是正したこともある。是正してなお、だめな所は（県）林政当局と話し合う。ルートのあり方は議論してもいい」と話した。高橋知事との話し合いは、在職中、数回続いた。

(5) ヌルマタ沢流域の自然を考える会、朝日工区でクマタカを確認

九四年七月十九日、ヌルマタ沢流域の自然を考える会は、朝日工区予定ルート周辺で、絶滅危惧種クマタカの営巣地を確認し、山形県に対し工事の中止を求める要望書を提出した。同会は、朝日鉱泉周辺で、ニホンカモシカの生態調査を行なっている日本ナチュラリスト協会カモシカ調査グループの有志で、九四年に結成された。

このクマタカを主人公にして、山形放送の松浦正登記者は、ドキュメンタリー「届け！クマタカの叫び」を制作した（三十三分、九六年）。地方の時代映像コンクールで優秀賞を受賞したこの作品は、「森林開発公団が今、全国七カ所の林業圏で大規模林道工事を進めている。全国で三二路線、総延長一二五〇キロメートル、総事業費は一兆円にものぼる一大公共事業である。大規模林道建設の問題点を検証し、国の行政

機構の硬直性と自然保護のあり方を問いたい」とその制作目的を述べている。

同年十月三十一日、草川昭三衆議院議員（公明）が朝日工区、白鷹工区を現地調査。「森林開発公団のこれまでの説明は信じられないことが分かった。改めて国会で質問する。工事費の使い方についても、会計検査院にただす」とコメントし、十一月二十五日、草川議員は国会で、朝日・小国区間の問題点を質した。

(6) **大石武一元環境庁長官の講演会**（九四年十一月二十七日）

朝日連峰のブナとクマタカを守る集会、と題して、長井市勤労センターで開催。大石元長官は前日、雪の降る愛染峠の現場を視察。講演では、大規模林道をやめさせることが国民の義務と話した。

大石氏は二〇〇三年死去、享年九十五歳。

(7) **朝日工区の一部、豪雨により大崩落**（九五年七月）

九五年六月七日、森林開発公団の塚本隆久理事長が朝日工区の現地を視察して約一カ月後、同工区の工事現場で、道路面が約三〇メートルにわたり谷底へ流出し、九三年に施工したコンクリートの擁壁も崩落した。七月十一日午後六時からの二十四時間雨量が、近くの長井市で一三二ミリに達していて、この日の大雨が原因と考えられる。復旧に、約一億円を要した。

(8) **河野昭一京都大学教授のブナ林調査と日本渓流釣連盟のヌルマタ沢調査**（九五年九月）

河野教授は、九月一日に朝日と白鷹のブナ林を調査。二日は、小国町金目川上流のブナ林を調査した。

渓流釣連盟のヌルマタ沢調査（1995年9月9日）

河野教授は、世界的に見ても貴重なブナ林が山形に残っていることをみんなが知る必要がある。そこから議論を始めなければならない、と話した。

渓流釣連盟のブナ観察釣行会は、九月九日、十日の両日。テンカラ釣りで知られる瀬畑雄三さん等、約三〇名が参加し、朝日工区の崩落現場を見学してからヌルマタ沢に入渓し、ゲタ道付近まで遡行し一泊した。

この観察会を主催した吉川栄一氏は、『渓流96春号』（つり人社）に次のように書いた。「大規模林道建設は、国家的なプロジェクトといえる巨大な公共事業です。この林道という名を冠した山岳観光道路に反対し林野庁長官の天下り先、延命のための自然破壊に異議を唱えることは、正義にほかなりません。森と渓を破壊から守ることは、私たち渓流マンにとっても、切実な要求です。大規模林道事業の中止と、森林開発公団の廃止をもとめていきましょう。この運動は、霞が関に対するブナ帯からの反撃にほかなりません」と。

4　阻止闘争第三期（一九九六年〜九八年）

(1)　岩垂寿喜男環境庁官交渉（九六年五月）

大規模林道問題全国ネットワークと山形県自然保護団体協議会は、環境庁に岩垂長官を訪ね、朝日・小国区間（六四・二一キロメートル）の工事中止などを求める要望書を提出した。

岩垂長官は白鷹工区について、林野庁には計画の変更を含めて、再検討するように伝えており、代替ルートになると思う、と回答した。この日は、岡崎トミ子衆議院議員（社民）も同行した。

(2)　岡崎トミ子衆議院議員、猪瀬直樹氏等の現地調査（九六年六月三十日）

大規模林道問題全国ネットワークが主催。衆議院環境委員会と、社民党県会議員による現地調査が六月三十日行なわれ、白鷹工区と朝日工区の崩落現場を視察した。

参加したのは衆議院議員の岡崎トミ子氏と高見裕一氏のほか、作家の猪瀬直樹氏など。視察を終えた両代議士は、大規模林道が森林開発という本来の目的から外れ、いかに環境を破壊しているのか、この厳しい現実を環境庁長官に直接見てもらい、大規模林道を根本から考え直してほしい、と述べた。

二十九日は飯豊町のがまの湯に泊ったのだが、その時のことを、読売新聞の小林健記者は、「山形のブナ林から見た日本」（二〇〇八年九月二十五日付）と題して、次のように書いている。「駆けだし記者のころ

1995年7月の大崩落現場（朝日工区）。遠景は大朝日岳

は社会経験が少ない分、それだけ脳裏に刻み込まれるエピソードも鮮烈になるかもしれない。（がまの湯で）国会議員らの後に、あいさつに立った男性は取材に同行した地元記者らに向かってきつい言葉を投げかけた。君ら若手の記者がもっとこうした現場を踏んで、一生懸命記事を書かなければいけないんだ。他社の記者と競うように何度も現場へ足を運び、大規模林道による自然破壊や公共事業の問題を追い続けていた。それだけに、男性の言葉へ反発心を覚えたことを記憶している。その男性とは、後に『日本国の研究』で特殊法人の問題を告発し、小泉政権で道路改革の先頭に立つことになる猪瀬直樹さんだった。十二年の時を経て、私が東京都庁担当になり、副知事に就任した猪瀬さんと再会するとは、当時、夢にも思わなかった。今振り返ると、猪瀬さんの言葉は若手記者への叱咤激励なのだが、当時の私には、大規模林道問題をライフワークとして追い続けているという自負もあった」（猪瀬直樹サイト）。

(3) 佐高信さん講演会「大規模林道は要らない！」（九六年八月十九日）

白鷹町中央公民館で、夕方四時三十分から開始。葉山の自然を守る会、小国の自然を守る会など、労働組合を含めた十一団体で組織する実行委員会（高橋敬一実行委員長）が主催した。

二五〇人の聴衆を前に、最初にフォークグループ影法師が葉山参道、白河以北一山百文を歌ったあと、佐高さんの講演が始まった。佐高さんの話は、次のような内容であった。「私は、大規模林道建設中止を求めている自然を守る会などの環境運動、市民運動、あるいは市民オンブズマンの運動を、平成の自由民権運動と位置付けている。官僚の手に、われわれの生活や政治が奪い取られているのを、取り戻す運動と言えよう。官僚たちが勝手に、大規模林道という余計なものを押し付けようとしている。今、官僚国家の色合いが強まる中で、平成の自由民権運動が必要になっている。平成の自由民権運動は、公共の仮面をかぶって押し付けてくるものから、公共の観念を取り戻す運動でもある」（九月二十八日付の河北新報論壇から）。

(4) 第一回大規模林道に係わる調整協議会（九六年九月二十四日）

会場は山形市の県自治会館で、公開。調整協議会には朝日・小国区間に係わる関係者として、県内の自然保護団体の代表者を含む一八名が出席した。

会議では、①林業と観光振興の視点から工法を改善して推進する、②ブナ林保護や公共事業見直しなどの立場から即時中止せよ、③白鷹工区のルートを一部変更し黒鴨林道を改良し利用する。④高地の開設を避け木川ダム付近から標高五〇〇メートルの立木と一ツ沢を経由して黒鴨林道に接続する――などの意見が出た。委員は、自然保護団体の他は、自治体の首長、県議、学識経験者など。

(5) 岩垂寿喜男前環境庁長官講演会（九六年十二月十四日）

長井市勤労センターで開催。主催は、山を考えるジャーナリストの会（代表は石川徹也東京新聞記者）ほか。冒頭、遠藤武彦衆議院議員（自民、山形選挙区）が挨拶に立ち、「わたしのおよぶ限りにおいてアシストしていきたい。心からエールを送りたい」と述べた。

岩垂氏は、前の人の仕事を大過なく引き継ぐのが役人の考え方だが、国家財政は無駄な惰性の支出をやめるべきだ。治山治水に必要な山は、国民全体で守らなければならない、と行政改革の必要性を強調した。

続いて行なわれたシンポジウムのパネリストは、石川記者、河北新報佐藤昌明記者、毎日新聞臺宏士記者などであった。

(6) 朝日・小国区間、大蔵省予算化せず（九六年十二月二十日）

大蔵省は、十二月二十日、同日内示した九七年度予算案で、朝日・小国区間の工事費を計上しないと発表。「朝日・小国区間について、林野庁は来年度、保全工事を除いて新たな予算化をせず、事業を休止することになった。自然破壊、意味のない投資などといった批判の高まりを受け、事実上、計画当初の政令ルートを断念し、今後の事業継続を地元の意向にゆだねたことを意味する」（二十二日付の朝日新聞）。

(7) 藤原信宇都宮大学名誉教授、黒鴨林道周辺調査（九七年七月十八日〜二十日）

休止になった朝日・小国区間の代替ルートとしてあがった黒鴨林道を調査した藤原教授は、自然環境への影響も大きく、採算面からもむだな公共事業はやらない方がいい、と話した。また、積雪と寒風被害で立ち枯れしたり、倒れたりしている杉の植林現場では、木材として売れる状態の杉は一本もなく、誰が見ても杉の造林地帯として不適格、と指摘した。

調査は、ＷＷＦ（世界自然保護基金）から六五万円の助成金を得て、葉山の自然を守る会が実施した。

(8) 山形県知事に対し、調整協議会脱会申し入れ（九七年十月八日）

葉山の自然を守る会ほか三団体の委員が、知事に対し調整協議会からの脱会を申し入れた。理由は、工事の休止が決まった中、協議会の存在意義は喪失したからである。しかし、県は協議会を利用して、工事

朝日・小国区間の現地調査。左端が佐藤謙一郎議員（98 年 11 月 6 日）

再開を狙って代替ルートを設定したいと考えているためである。

申し入れには、民主党の岡崎トミ子副代表と、公共事業チェックを実現する議員の会代表の竹村泰子参議院議員も同席した。岡崎副代表は、昨年六月に朝日工区の大崩落現場を見ており、自然破壊以外の何物でもないと語り、竹村議員は、一度決めた公共事業でも再度見直せる公共事業コントロール法案を、再度国会に提出したいと話した。

私は、このときのことを思い出すたびに冷や汗をかく。激務の中、一票にもならない山形の地に来て、知事に対する私達の申し入れの介添えをして下さったお二人に、心から深く感謝を申し上げたい。

(9) 第一回再評価委員会開催（九八年九月九日）

大規模林道事業を見直すため、時のアセスメントを採用した再評価委員会が、港区内のホテルで開かれた。委員はＮＧＯからは選ばれず、しかも非公開。

⑽　公共事業チェックを実現する議員の会、大規模林道現場を視察（九八年十一月六日）

超党派の国会議員で組織する公共事業チェックを実現する議員の会の佐藤謙一郎事務局長（衆議院議員、民主）と石井紘基衆議院議員（民主）が、事業評価の対象となった朝日・小国区間の現地視察を行なった。石井議員は、「驚いた。昔のインカ帝国の遺跡を見るようだ。一部の役所の為に無駄遣いが行なわれている」と話した。

この時期の特筆事項は、東京新聞の精力的な取材である。野呂法夫記者を中心とする「こちら特報部」は、同議員の会の取組みをはじめ、大規模林道に関する記事を連続して掲載した。霞が関に対し、大いなるダメージを与えた。

⑾　山本徹林野庁長官との意見交換会（九八年十二月十五日）

佐藤謙一郎議員の要請により、農水省内で開催。午後三時から五時まで。参加したのは、ＮＧＯ側からは、大規模林道問題全国ネットワークや葉山の自然を守る会など。行政関係からは、鳥取県三朝町長など数名出席。はじめに、山本長官と佐藤議員が挨拶。出席者の自己紹介のあと、筆者が二十分間ほど山形の現況を説明した。私の正面に座った長官は、説明を聞きながら三度あくびを噛み殺した。

事業推進の立場で鹿児島からの参加者は、「白鷹に行き現場を見た。失敗の例だ。しかし、全体として大規模林道は必要」と話した。

この意見交換会は、非常に有意義でタイムリーな企画であった。十一月六日の佐藤、石井両議員の視察も含めて、意見交換会の設営に奔走してくれたのは、政野淳子秘書であった。

⑿　大規模林道朝日・小国区間の事業中止（九八年十二月十八日）

前日の十二月十七日、『読売新聞』の小林健記者から電話あり。明日の再評価委員会で、朝日・小国区間は中止に決まるとのこと。夕方には、日本自然保護協会の吉田牧子さんから、林野庁のプレスリリースがファックスで送られてきた。

そして十八日午後二時二十九分、遠藤武彦事務所から朝日・小国区間中止のファックスが入った。それには、朝日・小国区間は再評価の結果、中止。理由は、林業活動の見通し等を総合的に勘案し、事業を中止することとする。ただし、朝日工区の未施工部分の一部については、集中豪雨等により路肩や法面の崩壊等が発生し、通行に支障が生じているので、従来通りの通行を確保するため、必要最小限度の修復工事を実施することとする。また、白鷹工区については、工事の終点部分が未完成状態となっているので、車廻しを設置することとする、とあった。

その夜、新聞各社から電話取材があった。私は、市民運動の勝利。朝日連峰の貴重なブナ林を守ることが出来たことを喜びたい。大規模林道問題全国ネットワークをはじめ、多くの方々から力強い支援を頂いたことに感謝したい。しかし、中止になったからといってその責任を不問に付すわけにはいかない、行政の責任を追及する、と話した。

翌十九日の『毎日新聞』山形県版の見出しは「アセス、朝日・小国区間の建設中止。着工から二十二年で断念。粘り強い保護運動の成果」。

『河北新報』は「市民運動の勝利。自然保護団体、再評価委の結論歓迎。率直に受け止める、知事」。

『朝日新聞』「朝日連峰の大規模林道ついに中止。着工から二十二年たちブナ林に影響考慮」『朝日新聞』は全国版にも中止の記事を載せた。

『山形新聞』は一面に「朝日・小国区間の中止決定。林野庁、クマタカ保護に配慮」。

『読売新聞』「朝日・小国区間の事業中止。時のアセス初の適用」。

以上、各紙の報道のように、大規模林道事業再評価委員会（座長は北村昌美山形大学名誉教授）は、十二月十八日、朝日・小国区間（計画延長は六四・二キロメートル）の事業中止を決めた。同区間は、七七年に工事が始まってから二十一年、七五億円の巨費を投じて、計画の二割にあたる一四キロメートルを開設して中止が決まった。工区毎に開設された延長は、朝日工区三・一キロメートル、白鷹工区一・六キロメートル、小国工区九・六キロメートルであった。そのほかでは、北海道の様似・えりも区間と福島県の山都区間が休止となった。葉山の自然を守る会を結成して、十三年目の勝利であった。

山形県知事のコメントは次のとおり。「結果を素直に受け止めたい。林野庁などに、中止にあたっての適切な措置を要望していく」。紺野貞郎白鷹町長は、「とても厳しい結果で残念。一部中止は考えていたが、全区間中止はまったく予想していなかった」と話した。

同年十二月二十一日の『河北新報』社説は、「大規模林道の中止は当然」の見出しで次の文章を載せた。「世界遺産の白神山地に勝るとも劣らない朝日連峰の自然環境が守られ、二十一世紀にそのまま引き継がれることを率直に歓迎したい。大規模林道はスーパー林道と並び、奥地森林地帯の自然環境を破壊すると批判を浴びてきた。にもかかわらず二十数年間も基本計画は生き続け、着工済み区間での工事中止は今回が初めてという。遅きに失した感が強い」、と。

山を考えるジャーナリストの会の石川徹也記者（東京新聞）は、「今回の朝日・小国区間の中止は、世界最高級のブナの森を守ったという意味で、日本の自然保護運動の歴史に大きな意味を持つだろう」と評価した（『日本の山を殺すな』宝島新書、一九九九年）。

翌九九年三月に長井市で、大規模林道阻止闘争勝利集会開催。

5　中止が決まってから

二〇〇一年七月、葉山の自然を守る会、第一〇回田尻賞受賞。〇三年十一月、公共事業チェック議員の会会長中村敦夫参議院議員、白鷹工区視察。〇四年五月、葉山中腹でブナの森平和コンサート。〇九年八月、朝日軍道トレッキング。

二〇〇一年、原は山形大学の非常勤講師の委嘱を受け、九月に集中講義を担当した。内容は大規模林道問題。石島庸男教育学部長の配慮による。翌〇二年六月、福島大学行政社会学部から非常勤講師に委嘱され大規模林道について講義をした。清水修二教授の意向による。

(1)　朝日山地森林生態系保護地域決まる（二〇〇二年十二月四日）

東北森林管理局と関東森林管理局は、朝日山地の森林約七万ヘクタールを、二七カ所目の森林生態系保護地域に決めた。保存地区（約四割）と保全利用地区に分かれるが、保護規制の厳しい保存地区でも、沢登りや釣りは規制しない、異例の森林生態系保護地域となった。保護地域内には、大規模林道工事が行なわれた箇所も含む。

設定委員会は、公開で四回開かれたが、われわれ自然保護団体からも四名が、有識者として委員に選ばれた。

⑵ **緑資源公団、高木宗男次長等、補修工事について、守る会に説明のため来町**（〇三年二月七日）

緑資源公団森林業務部、高木宗男次長等五名が来町し、葉山の自然を守る会に対して、修復工事の路面保護工の舗装工事が遅れたので説明に来た、と話した。

高木次長は、二〇〇七年五月、官製談合事件で逮捕されるが、ミスター大規模林道と呼ばれていた。

⑶ **朝日・小国区間の補修工事終了、事業費六億六〇〇〇万円**（〇三年九月）

九八年十二月の中止後も続いた補修工事が、一年遅れで終了した。ところが、翌〇四年七月の集中豪雨で、朝日・小国区間は全線不通となった。同年十二月の山形県議会で、田辺省二議員の質問に答えた農林水産部長の弁、「何回かこの林道に行く機会がありまして、森林セラピーとか、まさに心の癒しとか、これはいい資産が残っている」（県議会議事録）。

森林セラピーやいい資産が残った、と答弁する県幹部の厚顔無恥に限り無い憤りを感じる。県は、大規模林道事業に対して六三億円を負担しているのである。これほどの税金無駄遣いがあろうか。

（4）白鷹町でブナ植樹（〇五年十月）

二〇〇一年十二月、葉山の自然を守る会は、新しい白鷹町長に、大規模林道工事が中止になった愛染峠周辺に、ブナを植えてみてはどうかと提案したが、実現できずに終わった。

が、〇五年十月三十一日、葉山の麓、横田尻地内で、ようやくブナの植樹が行なわれた。地元の蚕桑《こぐわ》小学校の児童たちも参加。苗木二〇〇本は、守る会が提供した（富士ゼロックス端数クラブから助成）。主催は白鷹町、東西横田尻区、蚕桑財産区、町小学校校長会ほか。この植樹は、二〇一〇年まで続けられ、一〇〇〇本に達した。

葉山神の怒り

山形県知事が、大規模林業圏開発推進全国協議会の会長を務めていたので、山形の大規模林道事業の推移を見ることで、この問題の核心を知る事が出来る。一九五八年に山形県資源開発骨幹道路計画が作られ、六九年に新全総に基づき大規模林業圏が設定された。そして七一年に、大規模林業圏開発推進全国協議会（会長は安孫子藤吉山形県知事）ができ、七三年から森林開発公団が大規模林道事業を実施する。

真室川・小国線は、五八年の骨幹道路の線形を基に計画されていて、朝日・小国区間の中止が決まった時から、実に四十年前に作成されたものであった。骨幹道路は当然のことながら、林業振興が目的ではない。だから、朝日・小国区間は、林業振興とは無縁の大規模自然破壊道路でしかなかった。このことを承知で、事業を推進した行政の責任は絶大である。

二〇一三年七月の豪雨で黒鴨林道は通行不能となり、愛染峠の大規模林道へ到達することが出来ない状態が今も続いている（二〇一六年から通行可）。また、このほど発刊された白鷹町史現代編の大規模林道の項に掲載されている模式図は、ルート変更前の計画路線を図示したもので正確でない。この一枚の図によって、この本の精度が理解できる。要するに、いいかげんなのである。

やはり、いま振り返ってみると、佐高信さんが話したように、「官僚たちが勝手に、大規模林道という余計なものを押し付けてくる。平成の自由民権運動は、公共の仮面をかぶって押し付けてくるものから、公共の観念を取り戻す運動である」は、まさに正鵠を射た指摘である。

二〇一四年九月、最上小国川漁協は、総代会で小国川ダム建設承認の決議をした。この事実を冷静に考えてみると、いかに朝日・小国区間中止が奇跡的な出来事であったのかを思い知る。

なお、朝日・小国区間の受益者賦課金は、総額で一億五〇〇〇万円余、白鷹町三五〇〇万円、小国町一七〇〇万円、朝日町三〇〇〇万円、そして全く工事がなされなかった長井市が二三〇〇万円を負担した。

福島の大規模林道——ブナの森の叫び！

東瀬　紘一（博士山ブナ林を守る会）

福島県は自然風土・歴史文化等が異なる会津（「会津森林計画区」）、中通り（「阿武隈川森林計画区」）、「奥久慈森林計画区」）、浜通り（「磐城森林計画区」）の三つの地方から成り立っている。私たち「博士山のブナ林を守る会」は四半世紀を超え、会津地方のブナ林保護とそれを破壊する旧大規模林道事業の見直しを求めて運動を継続してきた。多くの方々のご支援の下、二〇〇七年四月、会津地方（飯豊山系から尾瀬まで）に「日本最大の森林生態系保護地域・緑の回廊」が設定され、二〇一四年には只見地域に、ユネスコによる「エコ・パーク」も設定された。

しかし二〇一一年三月十一日の東日本大震災に伴う福島原子力発電所事故による放射能汚染は、福島県内だけでなく東日本一帯、さらには海洋にも及び、人類史上の重大過酷事故となった。筆者の住む「福島」は、「フクシマ」（FUKUSHIMA）として、世界でも原発と一体のものとして報道されている。

これまでの活動ついては、タウン誌『会津嶺』に連載中の随筆「ブナ林と民俗」と、弁護士による「博士山情報公開訴訟」をあわせ、『福島・ブナの森の怒りと復興』（歴史春秋社）として出版した。ここでは、大規模林道（山のみち）の見直し問題とあわせて、原発事故の会津地方の森林への影響と博士山麓林道大滝線について述べたい。

一　福島原発事故と森林

東日本大震災と福島原発事故

二〇一一年三月十一日午後、茅葺の友人宅（土地改良事業問題で住民訴訟を提起）の囲炉裏の傍で歓談をしていた時、突如、体験したことのない揺れが襲ってきた。夕刻に親族の問い合わせがあった時、本当に心配なのは原発と只見川水系のダムであることを伝えた。

三月十三日夜半、「博士山ブナ林を守る会」が加盟している「日本森林生態系保護ネットワーク」（代表河野昭一京都大学名誉教授）のメール連絡により、福島第一原発から近距離の地点（双葉町役場）で広河隆一氏の放射能測定器の針が振り切れたとの情報を把握した。翌十四日、私はその情報を福島県会津振興局生活環境部に伝えると、担当者は「それは県原子力情報室の担当である」と答えた。報道にもあったが、その後、福島県はＳＰＥＥＤＩ（緊急時迅速放射能影響予測ネットワークシステム）情報を消去・隠蔽した。

筆者は三月二十二日付けで、知事部局に、災害復旧のための「緊急仮設住宅建設」の提案をした。三月二十八日には、地元ミニ・コミ誌『会津人通信』に「災害復興にビジョンを」という小論を寄稿した。

また四月十四日付けで県知事宛に「一、不急不変の公共事業（山のみち―旧大規模林道事業―）を凍結し、その事業費を災害復興に充当すること。二、原子力偏重のエネルギー政策を転換し、自然エネルギー～水力・地熱・風力・石炭火力・天然ガス～の開発、研究投資に公的資金を投入されるよう。三、県内の民有林～特に水源林～外国資本による買収には慎重に対応すること」との要望書を提出した。

原発事故による放射能汚染問題

続いて二〇一二年十一月、青森県岩木山麓で開催された「第三十三回東北自然保護の集い」では大会アピール「東北の全原子力発電所の廃止を」が採択された。私たちも身の周りの電源立地交付金（原発マネー）の再点検が必要と考える。

二〇一三年八月二十二日付けで農林水産大臣宛に、「全国森林計画（案）」（平成二十六年から四十一年までの森林計画）について「意見書」を提出した。「森林法」は原発事故による被害は想定外の出来事であったが、原発事故による放射能汚染問題について経済産業省・環境省任せにするのではなく超法規的に取り組むべきだと訴えた。現在、福島森林管理署内に「森林放射線物質汚染対策センター」が設置され、県内各地の放射能を測定し、公表している。

そうした状況の中で、二〇一四年九月二十日、二十一日、「第三十五回東北自然保護の集い」が宮城県栗駒山麓「ハイルザーム栗駒」で開催された。篠原弘典氏（みやぎ・脱原発風の会代表）が基調講演「放射性廃棄物問題とどう向き合うか」を行なった。集会の中で放射性廃棄物の処分場を分散型とするか一極集中型とするか等の議論があった。私は博士山林道大滝線工事に伴う森林伐採量の情報公開を求める行政訴訟で、最高裁が国民の「知る権利」に対し不受理としたことを報告した。

二〇一四年九月二十七日、郡山市で「海の放射能汚染」講演会が開かれた。講師に海洋生物学者、湯浅一郎氏を招いた。主催は福島県教組など「放射線像展&湯浅一郎さん講演会実行委員会」。湯浅氏は、世界の三大漁場の一つである日本近海の魚・海水・海底土の福島原発事故による汚染について、既発表の一次資料にもとづいて報告、「問題の根源は、原発1〜3号機を中心に今も二〇〇〇度以上の熱を発している溶融燃料の塊が、存在状態の不明のまま、原子炉内に現存していること自体にある」と指摘した。

博士山ブナ林を守る会の活動

会津地方の明神ケ岳山麓・松沢山周辺（旧大規模林道飯豊・桧枝岐線新鶴—柳津区間）は、筆者にとって子供の頃からの山菜採りのホームグランドであり、地形等については県職員や旧森林開発公団職員よりも熟知している。同地域でもクマタカの飛翔は確認されている。

二〇一四年四月五日、前年に明神ケ岳山麓で行なった「広葉樹の植林活動」に対して、「二酸化炭素吸収量認証書」授与式が福島県庁であった。これは、森林整備面積〇・五ヘクタール（二酸化炭素吸収量、一・四一—t、CO_2）に対する植樹活動で、「セブン・イレブン緑の基金」の助成で行なわれた。

現地は会津三十三観音の一つである大岩観音の近辺であり、多くの参詣者・明神ケ岳への登山客が通る道筋である。旧大規模林道飯豊・桧枝岐線（新鶴—柳津区間）建設の工事進行に伴い、福島県林業公社は明神ケ岳山麓の急斜面の広葉樹を伐採、杉の人工林に変えた。現地周辺はネマガリダケの生育地でもある。二〇一三年五月、現地近辺でクマによる死亡事故・多数の怪我人が発生。二〇一四年五月にも、クマによる人身事故が発生、明神ケ岳の山開きが中止となった。ツキノワグマの生息地帯まで杉の人工林とする森林施業によりゼンマイ・ワラビが消滅した。クマの餌不足の一因と推測している。

このような状況下、当会は現地周辺に山林を求め広葉樹林への復元の試みを行なっている。また、登山口に「大規模林道の見直しを！ 品窪堤の保安林解除反対」（大規模林道問題全国ネットワーク・自然と環境を守る会津方部連絡会・博士山ブナ林を守る会）の看板を設置し、地域の人々・登山客等へ問題提起を行なってきた）。

「博士山ブナ林を守る会」は春と秋に、自然観察会を行なっている。その際、原発事故を受け友人が簡易測定器（アロカ）を持って参加した。しかし自然観察会の現場は標高約一〇〇〇メートルの地帯でブナ林・杉・カラ松の造林地である。二〇一一年三月十一日以降五月上旬までは積雪があり、原発事故の時、山菜は雪の下で芽吹かず、したがって心配されるような放射能値は計測されなかった。

福島県の「福島県総合計画改定案」へのパブリック・コメント募集に対し、県民として七点の意見を提出した。その中で、「県民に県政にかかわるあらゆる情報を迅速に公開すること」、「野生動植物の生息・生育状況を調査し、その結果をレッドデータブックふくしまに収録・再発行すること」、さらに原発廃炉を目指して「核燃料廃棄物の安全な処理・保管等についての研究を進めること」等々を主張した。

二〇一一年七月に発生した福島・新潟豪雨の際、只見川のダム群の放流水により水害が発生した。JR只見線（川口〜只見間）はいまだ復旧していない。

被害を受けた住民等（流域の水循環型社会を進める会）は二〇一三年十月二十九日、福島県金山町本名の「御神楽館」で「水源地フォーラム〜只見川大水害からの教訓・老朽化する連続ダム群をかかえる流域から」を開催した。「博士山ブナ林を守る会」に対し要請があり、後援することになった。フォーラムでは、只見川ダム災害金山町被害者の会会長の斉藤勇一氏が「老朽化する只見川発電用ダム群と大水害」、芝浦工業大学の守田優教授が「利水ダムと水害〜平成二十三年度只見川水害から」と題した基調報告を行ない、上流部のダムの堆砂とその除去を怠ったことが水害の原因などと指摘した。

二〇一四年七月十八日、流域住民は、東北電力・電源開発に対して約三億円の損害賠償請求訴訟を福島地方裁判所会津若松支部へ提起した。北海道・札幌の市川守弘弁護士が担当することになった。九月二十五日、第一回口頭弁論が行なわれ、被告側（東北電力・電源開発）は「激甚災害に指定されるほどの自然災害」と主張、原告（三四名）は「ダムの堆砂を除去しなかったことが水位上昇の原因」と主張。

また一五年二月にも、被災した只見川流域住民が国、福島県、只見町と只見川のダムを管理する電源開発（Jパワー）を相手に損害賠償訴訟を提起した。この裁判の行方は全国のダム問題に大きな影響を与えることが予測される。

二　大規模林道（山のみち）の見直しについて

大規模林道問題への取り組み

山形からの大規模林道（最上・会津線）は福島県に入ると飯豊・桧枝岐線と呼ばれる。その予定路線会津盆地の西南部、通称品窪堤に保安林がある。会津総鎮守伊佐須美神社があった明神ケ岳の北斜面で、九一年当時?、大規模林道（新鶴—柳津区間）工事が進行していた。この保安林箇所に売却問題が発生、ここは会津美里町杉屋集落（地権者三七名）の共有地で、当時現役の高校教員であった児島徳夫がただ一人売却に反対した。その当時の最高裁判例では一人の反対でもあれば売却はできなかった（その後最高裁判例は変更となり共有他の分割売却?が可能となった）。現地は活断層が存在し、慶長大地震で大崩落が発生したため品窪集落は蛇喰に移住した。林野庁の外郭団体は現地の地質調査を実施。さらに国土交通省の外郭団体もボーリング調査を行ない、工事の可能性と危険性の両論併記の答申を行なった。これに対し、地元の「宮川の清流を守る会」と「博士山のブナ林を守る会」は森林法にもとづく保安林解除の予定告示に対して、「異議意見書」の署名集約の運動を始めた（このことについては後述する）。

一九九三年五月五日〜七日、森林開発公団理事長塚本隆久は、山形の大規模林道と福島の大規模林道（飯豊・桧枝岐線新鶴—柳津区間）の現地調査を、林野庁から出向の県所管課長を同行して行なった。その当時中央官庁（霞ヶ関）から地方に出張等の場合、夕刻の懇談会も公費で賄われていた。筆者は福島県森林整備課・会津農林事務所等の「食糧費」（懇談会費）の情報開示請求を行なった。ところが福島県は会議名（件名・目的）を非開示とした。会津の自治体元首長も「裏金でやるからでてこないのでは？」という見方をした。この非開示に対し福島県情報公開審査会に「異議申立」を行ない、その主張は福島県知事も認めることとなった。「市民オンブズマン」の活動と共に福島県庁公費不正支出（約一八億円）是正の一因となった。

一九九四年十月二十七日、大石武一氏は秘書を同行し、広域基幹林道大滝線、大規模林道飯豊・桧枝岐線「新鶴—柳津区間」の現地調査を行なった。明神ケ岳山麓（大岩・海老山区間）の現地視察の折、大石武一氏は「俺は農水大臣をやったことがある。不正があるかどうか調べにきた」と工事現場監督を叱責した。その指摘は後に大規模林道工事にかかわる官製談合事件として東京地検特捜部の捜索をうけることになり、松岡農水大臣の自死となった。

一九九七年には大規模林道と広域基幹林道大滝線（会津高田町）の凍結署名活動を行ない、約九〇〇〇名余の署名を林野庁に提出した。林野庁は一九九九年、山形から福島に抜ける「米沢・下郷線には予算をつけない」と回答した。

一九九九年九月十二日、十三日、「緑のダムで地球を守ろう」をテーマに「第六回大規模林道問題全国集会」を再び福島県柳津町で開催。大石武一・岩垂寿喜男元環境庁長官、岩佐恵美参議院議員が出席した。

二〇〇七年七月二十八日、二十九日、「第一五回大規模林道問題全国ネットワークの集い」を福島県会津美里町新鶴公民館で開催した。二十八日は、中止になった大規模林道飯豊・桧枝岐線新鶴―柳津区間、保安林箇所、通称品窪堤、林道大滝線の現地調査を行なった。二十九日は全体会で、講演は、五十嵐敬喜氏（法政大学）の「公共事業と談合問題」、河野昭一（京都大学）の「日本の天然林はどうなっているのか」であった。旭川市、広島市、民間企業富士ゼロックス等、多数の参加者があった。

二〇〇八年十月十日には、私たちは多くの方々の協力を得て集めた、「大規模林道見直しの署名」約九〇〇〇名余を佐藤雄平福島県知事宛に提出した。

品窪堤の保安林解除問題

飯豊・桧枝岐線新鶴―柳津区間保安林箇所、通称品窪堤で工事をする場合、森林法にもとづく「保安林解除の手続き」を取らなければならない。保安林解除の権限は農林水産大臣にあり、解除する場合は「官報」に予定告示をしなければならい。私たち保安林解除反対の地元住民「異議意見書」を二〇〇〇名余集約した（期日は入れていない）。

問題の保安林工事中断箇所は林野庁・国土交通省の外郭団体「森林開発公団」（緑資源公団改組後に廃止）による地質調査は終了しており、地質調査等への情報公開開示請求によって全面開示されている。二〇〇八年、大規模林道問題全国集会が広島で開催された。その折、福島県選出の衆議院議員だった渡部恒三氏の事務所を通して、林野庁で農林水産大臣宛に「同箇所の保安林を解除しないように」との「申入書」を提出した。同文書は直ちに福島県に転送された。

「山のみち」事業の県への移管

二〇一〇年度の「山のみち地域づくり交付金」が採択され、山のみち（旧大規模林道事業）が旧「森林開発公団」から県営事業へと移管された。

これを受けて、二〇一一年一月十一日、福島県知事宛に山のみちについての「公開質問状」を提出した。その主な内容は、①山のみち完成後、その維持管理はどのような法または条例にもとづいて行なうのか、②保安林中断箇所通称品窪堤周辺の今後五年間の森林整備目標二一九・一ヘクタールの費用を六億五四〇〇万円と試算しているが、その費用は誰が負担するのか、費用対効果一・〇八と試算しているが誤りではないのか、③同地域にはクマタカの生息・飛翔が確認されているが保護対策はどうするのか、の三点である。

同年二月三日には、福島県議会に対し「自然林の保全と山のみち（旧大規模林道）事業中止の陳情書」を提出した。陳情趣旨は以下の通りである。

今年は国際森林年です。国有林・民有林ともに水源を保全、生物多様性の保全、地球温暖化防止のためCO_2吸収源として大きな役割を果たしています。国有林では飯豊山塊から尾瀬に至るまで、「森林生態系保護地域・緑の回廊」（約二〇万ヘクタール）を設定し、保護林としています。国有林では今後高性能機械の導入等により、森林施業のための作業網の設置は幅員三メートルとするとしています。福島県内民有林の「地域森林計画」・森林施業の実施においても、国有林の「全国森林計画」と整合性のある森林保全がなされる様要望します。先年、林野庁長官は県知事宛に旧大規模林道の一部区間の取りやめの通達をだしています。北海道、山形県では同林道の全面中止の決断をしています。さらに、福島県は現在「生物多様性基本法」にもとづく「地域戦略」の策定作業中です。

この度、政府から交付される「一括交付金」は人工林の間伐、境界の確定、広葉樹林・混交林の育成等に使用し、「山のみち」事業は中止される様陳情します。

「博士山ブナ林を守る会」会長　東瀬紘一

旧知の県議会議員によれば、自然保護団体が県議会に「陳情書」を提出するのは珍しいとのことであった。この審議の最中に「福島原発事故」が発生した。

同年三月下旬から五月にかけて、大規模林道飯豊・桧枝岐線（新鶴―柳津区間）、国道４９号線会津坂下町塔寺から入った大規模林道を調査、近辺の原野に、環境省の看板「廃棄物をすてるな」が設置されているのに、多くの構造材、瓦礫が捨ててあった。どこから搬入したのか。

林政審議会は、二〇一一年十二月、「今後の国有林野の管理経営のあり方について」を答申した。

その中で、「今後の国有林野の管理経営のあり方についての基本的考え方」について、「ア、国有林は公的機能を発揮することを第一に重要であるとし、国土の保全や水源の涵養、地球温暖化の防止、生物多様性の保全をより一層発揮させるとともに、周辺民有林を含めてその管理運営を見直すことが必要である。イ、わが国の森林資源は成熟し、これからの森林・林業政策は林業が森林生態系の生産力に基礎を置くものであるという認識の下、路網整備、施業の集約化、木材利用の拡大化等の林業・木材産業の早急な再生を通じ、森林の健全性を確保することを基本とする。そのための計画手続きに際しては、これまでの取組み、実績、現状を評価した結果や、その他参考となる数値等を積極的に提示し、計画案の作成前から、広く国民の意見を求める取組みを進めるべきである」としている。

会津地方では、会津森林管理署・南会津森林管理署は、新年度（四月～翌年三月）の国有林内の森林伐採・治山ダム・林道開設等について計画案を、毎年二月、保護団体に提示している。それに対し保護団体はクマタカ等の生息等希少生物の生息情報を提供するなどして、時によっては当初の計画案が再検討され、森林施業が行なわれるようになってきた。参加保護団体は、野鳥の会会津支部、野鳥の会南会津支部、烏帽子山のブナを守る会、博士山ブナ林を守る会である。

二〇一三年、山形県飯豊町と福島県喜多方市山都町川入区間の「山のみち」が完成、テープカット開通式が行なわれた。ところがその後の豪雨により、林道が崩壊、再開の見通しがたっていない。「やまの家」のオーナーは開通直後、「予約客もあった。三十年来の願いが一カ月で夢となった」と、嘆いていた。その後、現地を調査したところ、川筋の急斜面幅員七メートルを超える道路は道路法にもとづく設計・工法を必要とされるわけではないため、脆弱な設計で施工されていた。

二〇一四年七月、『博士山のブナ林を守る会』は現在福島県内で進行している「山のみち」（北塩原―磐梯区間、田島―舘岩区間）の現地調査を行なった。北塩原―磐梯区間（総事業費五億五〇〇〇万円。平成二十四年～二十六年）は、一部に農山漁村地域整備交付金が交付されている。事業の目的が「農業生産基盤整備を行ない、……低コスト農業の確立」としているが、山中でどのような農業をするのか、首を傾げざるをえない。磐梯山・雄国の国立公園の西側斜面であり、一部国有林内も通過するようだ。問題の多かった「森林開発公団」だが、事業を推進した旧大規模林道新鶴―柳津区間では法的根拠がなくても環境調査を実施し、猛禽類クマタカの生息が確認された。そのため毎年「モニタリング調査」を行ない、その結果を柳津町役場で保護団体にも公開してきたという経緯がある。

現地調査の入山許可をもらうため会津農林事務所を訪れた時、山のみち担当者は環境調査について「法的根拠がない」と回答した。原発事故を体験している福島県が、環境への配慮が国の基準よりも欠けていることに落胆した。ただ会津盆地を縦断する会津縦貫道路は、「道路法」にもとづいて事業が進行しており、文化財等の追跡調査は行なわれている。追跡調査は実施しているとのこと。同林道の入り口の看板は道路か林道か曖昧な表現である。

歩いて現地を調査したところ、幅員一〇メートル超える箇所もあり、森林施業のためのものではなく、観光道路ではないかと感じた。後日、所用で県庁に出かけた際、生活環境部自然保護課と面会、問題点を指摘した。

山のみち（田島―舘岩間）の現地調査も行なった。入山許可を貰うため、南会津農林事務所を訪ねた。

森林除染物質仮置き場

やまの道「田島―舘岩区間」

玄関に「祝　只見町のエコ・パーク」設定の幟があった。職員は現地の地理等を説明、南会津地方の放射線量は低いとのことであった。現地の林相はカラマツの人工林地帯であり、今後伐採搬出の計画があったとしても、幅員七〜一〇メートルの林道工事は不要である。

前県知事佐藤栄佐久は、国の原子力政策に対して闘ったとされている。しかし、福島県が進めてきた大規模林道事業に対して、国の「林政審議会」委員・同林道既成同盟会長として、どのような発言をし、どのようにむきあったか?

三　博士山麓林道大滝線の問題について

広域基幹林道大滝線に対する住民監査請求

「博士山ブナ林を守る会」は、広域基幹林道大滝線の問題について、役員の紹介により、元日本弁護士連合会会長の故山本忠義弁護士に相談した。弁護士会の中に「公害環境対策委員会」があるから、そこに相談するようにとの助言を受けた。同委員会は足掛け二年にわたり、行政・地元地権者・保護団体の意見も検討、現地調査も実地し、一九九六年「博士山イヌワシ保護に関する提言」をまとめた。

⑴　林道建設工事を凍結し、開発計画を見直すべきである。林道大滝線建設予定他の現況調査やアセスメントが不十分ないし欠落しており、同林道建設は長期的視点で見た水源涵養保安林としての効用や、これの人間にもたらす自然環境の有用性を損なう恐れがあり、一旦破壊するとその回復に長年月を要するような開発は、アセスメントを実施し、その影響がないか、少ないか科学的に判断でき

るまで凍結するのが賢明なやり方である。

(2) 福島県および同県の委託により調査を担当した社団法人日本林業技術協会による一九九四年（平成六年）度イヌワシ生息調査報告および同調査のため設置された博士山イヌワシ生息検討委員会による博士山イヌワシの保護対策に関する提言を尊重すること、即ち、イヌワシの出現密度の高い、いわゆる主要行動域、頻繁に採餌行動が見られた地域、営巣地を中心に約二二〇〇ヘクタールを伐採や立入を規制する地域、主要行動圏約八二〇〇ヘクタールを種の保存法による生息地等保護区に指定すべきである。

ところが福島県弁護士会はこの提言を関係機関へ提出・公表をすることをしなかった。また林野庁・福島県等の行政機関への二〇〇回を超える住民団体などの陳情・要望が受け入れられることはなかった。やむをえず「守る会」有志は同林道工事の差し止めを求めて、「条例の制定なき同林道工事への違法な公金支出」に対して住民監査請求を検討するに至った。

住民監査請求に先立ち、私たちは玄葉光一郎衆議院議員の自宅（船引町）へ親展で行動に入る旨連絡した。このことはマスコミ報道されることはなかったが、業界紙『政経東北』の週刊版が掲載、私の自宅にもその内容が届いた。

日本には林道法や林道を規制する法令がなく、行政機関の内部規範である「林道規定」により設置・管理を行なっている。このことについては福島県の林道開設の実務担当者らも苦慮していた。(注1) そこで、埼玉県寄居町在住の清水澄（学習院大学法学部元教授）氏による埼玉県の林道問題にかかわる住民訴訟で、公道と連結する林道は地方自治法上の「公の施設」とした一九九八年の最高裁判決を論拠にした。

林道大滝線への「違法な公金支出の差し止め」を求める住民訴訟は、町に対しては、東瀬紘一、高島文雄ら四名、県に対しては、松本雄鳳（故人）、横田新（故人）ら九名で提訴した。

同林道工事費用は国の補助金が六五％、県・町が一七・五％を支出して行なわれる事業である。国に対する住民訴訟は制度上ないため、一九九七年に県・町を相手に提訴、二〇〇二年五月十四日、福島地裁の判決がおりた。足掛け六年の歳月を費やした。原告の請求は棄却されたが、判決の内容は実質勝訴に近い内容であった。「同林道を地方自治法上の『公の施設』と認定、設置・管理の条例の必要性を認め、林道工事にあたっては環境基本法・福島県環境基本条例の趣旨にそうように、さらにイヌワシの生息区を広範囲に設定する」と判示があった。一部原告から控訴中止との意見もあったが、無駄な林道工事そのものへの言及がなかったため、仙台高裁への控訴手続きをとった。

仙台高裁の第一回口頭弁論は、松川事件と同じ一〇一号大法廷で行なわれた。弁護団に郡山の斉藤利幸弁護士、山形県米沢の高橋敬一弁護士も加わった。高裁では林学者藤原信への証人尋問も行なわれた。仙台の自然保護団体の傍聴支援もあり、「東北自然保護の集い」では「公正な審理を要請する」大会アピールも採択された。

仙台高裁は判決期日を予告しながら、判決を二度も延期した。裁判長はその後東北大学大学院に転職し、証人尋問をしない後任の裁判長が判決を言い渡した。その内容は公道と連結する林道は地方自治法上の「公の施設である」という最高裁判決（平成十年）を否定するものであった。判決直後、会津若松の経済界有力者（故人）から面会の申し入れがあり、友人と話を伺った。その内容は「大滝林道工事を中止する」というものであった。しかし民間人が県営事業の林道工事の中止の決断をできるはずもなく、県政の有力者からの依頼かなとも憶測した。代理人弁護士は「裁判に勝訴して、相手『行政』から弁護士費用を頂く」ということで住民訴訟を担当されているので、即答しないでコーヒーだけ頂いて帰宅した。

二〇〇五年七月二十五日、最高裁判所への上告手続きをとり、「上告理由書」を提出した。最高裁は慎重に審理し、二〇〇六年六月八日、最高裁第一小法廷（泉徳治裁判長）は会津美里町を相手とした住民訴訟を棄却。同年七月七日、最高裁第二小法廷（滝井繁雄裁判長）は福島県を相手とした住民訴訟を棄却した。地元新聞『福島民友』は二面で、皇太子の外国訪問より大きく紙面を割いた。

その後、前知事佐藤栄佐久は、別件で東京地検特捜部の捜索をうけ、収賄の罪で起訴され、最高裁で有罪（確定判決）となった。

立木伐採量・補償費の情報開示請求と行政訴訟

二〇〇九年十二月、福島県に対して、林道工事に伴う立木伐採量およびその補償費について情報開示請求をした。福島県そして県情報公開審査会は「個人情報」として非開示とした。一〇〇％公費で行なわれる事業であり、広島地裁では民有林内の林道事業では受益者の経費一部負担が相当との判決があった。そこで二〇一一年六月、福島地裁に開示を求める行政訴訟を提起することになった。仲間も賛同したが、開示請求した者のみが原告適格を有するとのことで、原告は東瀬一人となった。福島地裁の裁判長は被告（福島県）に対して、非開示文書一枚一枚、非開示の理由の説明を求めた。県は文書に色を付けて提出、文言の説明がなかった。裁判長は転出、仙台高裁から後任の裁判長が着任した。

林野庁通達によれば費用対効果を算出する根拠の数字は開示するとのこと。既設の作業道（葡萄沢～土倉）を鉄柵で通行止めにして隠し、費用対効果の試算を行なっていた。また、同林道谷ケ地工区の急斜面岩盤地帯では橋脚を鉄柱としたため、林道一メートルで工事費一〇〇万円とも言われた。難工事のため、工事を受注した地元業者が県外の業者に下請け作業をさせていた。関係者は、設計ミスであり大滝の前で対岸を通る路線を選択すべきであったという。また同地域民有林は約六五％が保安林であり、皆伐は出来ず、仮に皆伐しても一億円にもならない。そのために約三七億円と予定されている同林道工事は無駄な公共事業の典型ともいえる。

原告（東瀬）への証人尋問があった。そのとき、「山林は昔から、山川藪沢の利、公私ともにすべし」[注2]との言を踏まえ、「個人情報」論に反論した。その後、裁判長が交代、原告の請求を棄却した。

仙台高裁では被告（県）側から原告の「準備書面」の提出が遅いとの弁論があった。それは情報公開開示請求に対し、県側が迅速に提出しないためであった。裁判長は判決前に退職、後任の裁判長が控訴を棄却した。

二〇一三年十二月二十四日、「上告受理申立理由書」（A４判二八頁）を提出したが、憲法にある国民の「知る権利」を中心に「理由書」の論旨を構成した。最高裁は「上告受理申立理由書」を不受理とした。本件上告時と同時期に最高裁では沖縄返還をめぐる日米間の外交上の密約について審理が行なわれていた。「知る権利」が争点であった。[注3]

これからの森林問題と林道大滝線

二〇一〇年七月九日、博士山北麓の地元高田中学の一年生が「森林環境教室」で会津美里町の農業用水の「新宮川ダム」と博士山遊歩道周辺のブナ林見学会を実施した。山中でブナ林の植生等について説明した。現地の低木層はチシマザサでネマガリダケの宝庫でもある。

「本州産クマゲラ研究会」（藤井忠志代表）は林道大滝線博士工区の林相は「白神山地」級としている。以前、博士山遊歩道の大型キツツキの採餌痕を発見し白神山地でクマゲラ調査を行った村田孝嗣は「七ミリのノミの幅」はクマゲラの食痕跡と鑑定した。その後、半立枯れの木は土に還った。近年、博士山塊某所で山菜採りの仲間が、機関銃のような甲高いキツツキのドラミングを耳にしている。

市場にブナ材がでているとの情報があった。国有林・隣県（山形・新潟）からの搬出はありえず、福島県内からのものと推察した。林道大滝線工事では幅員五メートル以上、工事箇所によっては林道に沿って一〇〇メートル（土場―一時の木材集積所）、また支線では基幹道から約二キロメートル東方へ工事が進行していた。この工事の支障木として伐採されたものと推測した。

二〇一一年十一月十七日、会津美里町議会へ「水源林の保全の陳情書」を提出。産業建設常任委員会付託となり、陳情者から陳情趣旨を聴取、現地調査を行なったが、同委員会は賛否四対四の同数、委員長裁断で否決となった。

二〇一二年十二月四日、福島県が定めた「会津地域森林計画（変更案）」に対して「意見書」を提出した。その中で「②水源林の保全について……長期的に展望すれば地球的規模でも世界の水問題が大きな問題となると識者は指摘警告している。近年、外国資本による森林の買収が進行との新聞報道もある。福島県内でも監視と水源林の保全の仕組みを検討される様要請する」とした。ちなみに林道大滝線沿線に隣県の某地権者が約三〇〇ヘクタールの山林を買収、その代理人も現地住民との接触を保っている。疑義を感ずるのは私だけであろうか？　同路線は地元住民の山林域を通過せず、隣県の某地権者の山林を通過するように路線の変更が行われた。毎年、中国の領事が「あやめ祭り」に参加、関係者と懇談をしている。

二〇一四年の国会で「水循環基本法」が成立した。識者の間では、先年から外国資本による日本の民有林の買収に対して注意が喚起されていた。例えば『奪われる日本の森～外資が水資源を狙っている』（平野秀樹・東京財団研究員、安田喜憲・国際日本文化センター教授、二〇一一年、新潮文庫）参照。ちなみに安田喜憲氏は博士山リゾート開発の折、遠路京都から講演にお出でになった。同氏からは「清水建設がリゾート開発から撤退する」との情報をマスコミ報道の半年前に連絡いただいた。先年、徳一太子講演会の折、東山で懇談会、再度外国資本の森林買収に対して注意を喚起された。

「AERA」（二〇一四・一・二七号）で「中国が日本で売電事業」という見出しで、中国電力による福島県西郷村阿武隈川源流域の森林買収が報道されている。ジャーナリスト山田厚史は「気がつけば山も水も電気も中国のものとなっているかもしれない」と結んでいる。

二〇一四年一月九日、県知事（道路整備課が対応）宛に、国道四〇一号綿博士峠のトンネル化計画に対して、「環境アセスメントを実施し、その結果・内容を地元住民、保護団体にも公開すること」等の「申入書」を提出した。同年十月二十七日、同路線の環境調査への情報開示請求に対し、福島県知事名で希少野生動植物に関する情報の存在を理由として開示決定延長を筆者へ通知した。

同年六月、会津美里町定例議会で、渋井清隆議員が林道大滝線支線（町営事業）について質問。「支線約二キロメートル区間―国有林《縁の回廊》・保安林内一部区間で、正式な手続きをせず、無許可伐採、工事が行なわれたのではないか?」と質問。町側は「認識していなかった。県の資料に基づいて行なった」と答弁。同路線は地元松坂地区住民が使用収益権を保有している森林で、当初大滝線が通る予定であったが、どのような事情か路線変更がなされた。九月九日、同町議会建設常任委員会は同路線の現地調査を行なった。今後の収拾策について監視したい。

(注1)『福島県林政史』発行 福島県 第二編第五章第二節 林道の法的性格 三〇二～三〇六頁
(注2)『日本林政の系譜』筒井廸夫 地球社 一～二頁
(注3) 情報公開をめぐる訴訟については、井口博「イヌワシ保護情報公開請求訴訟について」及び佐川未央「公共事業にかかわる個人情報と情報公開訴訟」『福島・ブナの森の怒りと復興』(歴史春秋社) を参照されたい。

富山の大規模林道

増田準三（元立山連峰の自然を守る会）

富山県と岐阜県にまたがる飛越山地大規模林業圏には、五つの大規模林道（総延長三五九・三キロメートル）が計画された。

そのうち、富山県側は高山・大山線、朝日・大山線と大山・福光線の三路線（総延長一六九・一キロメートル、平成八年三月現在）である（表1）。

一九九六年（平成八年）三月現在の計画では、高山・大山線有峰区間（富山県内）三八・六キロメートル、朝日・大山線五二・七キロメートル、大山・福光線七七・八キロメートルとされていた。その後の再評価などにより「山のみち地域づくり交付金事業」へ継承された二〇〇八（平成二十）年度時点で、富山県はそれぞれの路線名と延長を有峰線二九・八キロメートル、宮崎・蛭谷《びるたに》線など四路線三二・九キロメートルおよび大山Ⅰ線など五路線七〇・七キロメートルとした。

継承前の大規模林道事業および緑資源幹線林道事業による完成区間は、それぞれ二〇・九キロメートル（実績率七〇・一％）、六・五キロメートル（同一九・八％）および一一・三キロメートル（同一六・〇％）となっている。

表1　大規模林道・新旧対比

事業費（百万円）

大規模林業圏開発林道・緑資源幹線林道事業						山のみち地域づくり交付金事業						
							全体計画			平成20年度計画		
旧路線名	区間名	着工年度	計画・実績	平成8年度時点	平成19年度時点	新路線名	延長（km）	事業費	m単価	延長（km）	事業費	m単価
高山・大山	有峰	1974	計画延長（km）	38.6	29.8	有峰	8.9	8,897	1.000	0.1	160.5	
			実績延長（km）	12.5	20.9							
			実　績　率	32.4%	70.1%							
						計	8.9	8,897	1.000	0.1	160.5	1.605
朝日・大山	朝日・魚津	1993	計画延長（km）	52.7	32.9	宮崎・蛭谷	11.5	5,109	0.444	0.1	104.5	
			実績延長（km）	1.3	6.5	羽入・明日	6.5	3,108	0.478	–	–	
			実　績　率	2.5%	19.8%	下立・嘉例沢	4.9	1,674	0.342	–	–	
						福平・東城	3.5	1,558	0.445	0.3	75.0	
	上市・立山											
						計	26.4	11,449	0.434	0.4	179.5	0.449
大山・福光	大山Ⅰ	1981	計画延長（km）	77.8	70.7	大山Ⅰ	9.7	5,536	0.571	–	–	
	大山Ⅱ		実績延長（km）	7.4	11.3	大山Ⅱ	9.8	5,922	0.604	–	–	
	大山・大沢野		実　績　率	9.5%	16.0%	大山・大沢野	12.5	6,504	0.520	–	–	
	大沢野・八尾					大沢野・八尾	9.7	3,981	0.410	0.5	119.0	
	八尾											
	利賀・平											
	上平・福光					上平・福光	17.7	5,807	0.328	0.3	88.5	
						計	59.4	27,750	0.467	0.8	207.5	0.259

参照文献
※大規模林業圏開発林道総合利用調査報告書（平成8年3月、林野庁）
※富山県森林審議会総会資料（平成21年3月、富山県）

高山・大山線（有峰線）

高山・大山線は、三路線で一番早く一九七四年（昭和四十九年）に着工した。富山県側の新規開設区間はわずかで、大半は既存の有峰林道を拡幅する計画である。県境の飛越トンネル（全長四一九・九メートル）の完成（一九九五年）によって、富山県と岐阜県側が一応連絡した。しかし、一部区間はいまだに手つかずのまま通行止めとなっている。

有峰林道は、大正時代に計画され昭和十年代当初から始められた有峰ダム建設の工事用道路として、まず小見線が開設された。その後、有峰湖（ダム湖）の周囲を巡る湖周線、湖周線から分かれ薬師岳（標高二九二六メートル）の登山口折立《おりたて》に至る折立線、立山カルデラに至る真川線、中河与一の小説「天の夕顔」の舞台となった岐阜県との県境大多和峠に至る大多和線および東谷線と小口川《おぐちがわ》線が開設された。このうち、大多和線は峠より先の岐阜県側は長年通行止めとなっている。真川線は、立山カルデラで行われている砂防ダムの工事用道路で、一般車は通行する事ができない。また、湖周線は西岸線、南岸線、東岸線と分けて呼ばれてもいる。

有峰林道は、スーパー林道を除く林道としては二〇一四年現在唯一の有料林道である。富山側の亀谷《かめがい》連絡所と水須連絡所、岐阜県境の東谷連絡所で林道使用料（二〇一四年現在：大型車四四〇〇円、小型車一九〇〇円、二輪車等三〇〇円）を徴収している。冬期は閉鎖され、一年のうち通行できるのはわずか五カ月半（小口川線は四カ月）のみである。

上：飛越トンネル。入り口に、冬期閉鎖時に締め切る扉が見える。

右：亀谷口の手前に立つ、有峰林道の表示板。

新ニンニクトンネル。トンネルの左は旧道とロックシェッド

上の写真のロックシェッドより先に旧ニンニク隧道が見える（矢印）、入口は崩落した土砂で塞がっている

上：東谷線から東岸線を望む。通行止の看板の奥に閉鎖されたゲートが見える。

さて、大規模林道高山・大山線の有峰区間は、富山市亀谷（旧上新川《かみにいかわ》郡大山町亀谷）から飛越トンネルまでの小見線、東岸線（湖周線）および東谷線と既存の路線を利用し、拡幅などを行うこととなっている。

小見線は、和田川に沿って非常に急峻な谷筋の斜面にへばりつくようにつけられている。以前は、トラック一台がかろうじて通ることのできる素掘りのトンネルと、ほとんどの区間で一車線の悪路であり、交互通行の区間が連続していた。大規模林道計画によって、亀谷トンネル（全長四〇八メートル）や新ニンニクトンネル（全長六四三・五メートル）など七つのトンネルが、全て幅員六・五メートルで新規および付け替えで整備された。小見線では、二〇一四年度も五カ所で拡幅や路肩修復工事が行なわれていた。この工事は、谷側に杭を打ち込んだり長大な擁護壁を築いての拡幅である。このように谷側に構造物を築いて拡幅することについて、緑資源機構は「豊かな自然環境の基盤となる森林の改変幅をできるだけ少なくするため、現地の地形条件等に適合した構造物を採用」し、「鋼製桟橋道を施工した」としている（平成十六年度環境報告書、平成十七年七月、独立行政法人緑資源機構）。しかし、急峻な地形の有峰林道小見線においては、山側は垂直に見えるほどの急斜面が連続しているため、強引に山腹を削れば大規模な崩落を引き起こすことは、火を見るより明らかである。谷側に構造物を施工して拡幅することしかできないのであり、緑資源機構の環境に配慮したとする自己評価は、有峰線においては詭弁としか言い様がない。

東岸線にいたっては、ほとんど工事が行われておらず、幅員五メートル以下の既存道路も二十年以上にわたって通行止めのままである。

高山・大山線（有峰区間）は、平成十六年に期中の評価が実施され、事業は「継続」と結論づけられた。その中で費用対効果分析の結果は一・四〇とし、高く評価している。その根拠として、「保育及び間伐の施業量が増加しており今後も施業量が増加する見込みである」とし、「広葉樹の植栽や受光伐等の天然林施業も実施されている」ことを挙げている。

有峰一帯は、有峰県立自然公園（昭和四十八年）、有峰ふるさと自然公園（昭和六十一年）および有峰森林文化村（平成十四年）に指定され、さまざまな施設が整備されている。期中評価では、これらの施設利用の利便性や、立山カルデラの砂防工事など治山事業の資材運搬ルートへの寄与などを評価のプラス材料に挙げている。

しかし、富山県は昭和四十四年の大水害の教訓や自然保護運動の高まりなどから、ダム建設などのために伐採されてきた有峰の森林を、県立自然公園指定と同時に、森林伐採を中止とすることを決定し、昭和四十八年から実施している（「有峰森林文化村基本構想」、有峰森林文化村基本構想検討会、平成十三年五月より引用）。すなわち、期中評価で費用対効果分析のプラス材料としている「保育及び間伐の施業量の増加」は根拠がなく、県の方針を無視していたことになる。

朝日・大山線

朝日・大山線は、三路線では最も遅く一九九三年（平成五年）に着工された。下新川郡朝日町宮崎から中新川郡立山町芦峅寺《あしくらじ》までの五二・七キロメートルの当初計画に対し、上市・立山区間の廃止を含め、平成十九年度末時点で計画延長三二・九キロメートル、実績延長は六・五キロメートル（実績率一九・八％）に変更されていた。未完の二六・四キロメートルが山のみち地域づくり交付金事業に継承された。

上市・立山区間（一七・八キロメートル）については、平成十五年度の「大規模林道事業の今後の整備のあり方についての検討」の結果、〝取りやめ〟と結論づけられた。第三者委員会の意見として「建設の必要性は認められるものの、全て舗装済の既設林道の改良・線形変更であること等、事業実施の妥当性が乏しいこと等から『取りやめ』」とされた。

また、既設の林道等を改良する部分は七六％とし、現行計画の費用対効果（試算）は一・〇五とかろうじてプラスとしていた。その既存路線は、土砂崩れなどの影響によってしばしば通行止めになり、数年にわたることもある。

旧朝日・魚津区間は、山のみち地域づくり交付金事業で宮崎・蛭谷線、羽入《はにゅう》・明日《あけび》線、下立《おりたて》・嘉例沢線および福平《ふくひら》・東城線と細切れの四路線とされた。平成二十年からは、このうち宮崎・蛭谷線と福平・東城線で工事が行われ、他の二路線は未着工となっている。

大山・福光線

大山・福光線は、富山市水須（旧上新川郡大山町水須）から南砺市刀利《とうり》（旧西礪波郡福光町刀利）間で、大山Ⅰ区間など七区間の延長七七・八キロメートルが計画され、一九八一年（昭和五十六年）に着工された。平成二十年の山のみち地域づくり交付金事業へ継承された時点で、五区間で延長五九・四キロメートルに変更された。利賀・平区間（五・六九キロメートル）は平成五年に竣工し、富山県内の大規模林道としては唯一完成している工区である。

事業継続とされた大山Ⅰ線、大山Ⅱ線、大山・大沢野線、大沢野・八尾《やつお》線および上平《かみたいら》・福光線のうち、平成二十年度以降は大沢野・八尾線と上平・福光線の二路線でのみ工事が進捗しているが、他の三路線はいまだに着工されていない。

大山Ⅰ線は、富山市水須から富山市赤倉（旧上新川郡大山町赤倉）までの計画延長一〇・六キロメートルに対し〇・九キロメートルのみが完了している（平成八年三月時点）。赤倉側は、神通川の支流である熊野川上流の熊野川ダムサイトが終点となっている。県道一八四号線を南下し、熊野川ダムの堰堤を通り対岸にわたるとすぐに赤倉隧道（昭和五十九年竣工、幅員七・五メートル）が現れる。トンネルを抜けると廃

大山Ｉ線の赤倉側。コンクリートの壁が立ちはだかり、行き止まりとなっている。

村となった赤倉集落跡に出るが、そこで唐突にコンクリートで塗り固められた壁に突き当たり、道路が途切れてしまっている。さらに完成から三十年経過した道路は、ひび割れが多数走り、谷側の路肩は崩落寸前となっている。

水須側では、水須の集落から、急斜面につけられた一車線の舗装道路があるが、急坂を登り切ったところで、藪に消えている。大規模林道としての拡幅工事は始められていないようである。

なお、林道問題から離れるが熊野川ダムも曰く付きのダムであり、無駄な公共事業の一つである。富山市とその周辺地域の人口増加による水需要増加を見込んで、上水道利用を主たる目的に昭和四十五年に着工し同五十九年に完成した。しかし、周辺の市町村はもとより富山市も水需要が減少、上水道用としては全く必要がなくなってしまったが、住民の負担だけは残った。

上平・福光線は、世界遺産に指定されている五箇山《ごかやま》合掌集落のある南砺市漆谷（旧東礪波郡上平村漆谷）から南砺市刀利の刀利ダム湖畔までの一七・七キロメートルで、山のみち交付金による事業では刀利ダム側から工事が行われている。刀利ダムへのアクセスは、富山県の南砺市福光から石川県の湯涌を経て金沢に至る県道一〇号線（金沢湯涌福光線）と南砺市西赤尾（上平村西赤尾）から刀利ダムまでの県道五四号線（福光上平線）による。

この県道五四号線と一〇号線の一部は、江戸時代には塩硝《えんしょう》街道と呼ばれ、五箇山で生産された良質の塩硝（火薬）を金沢に運ぶために、加賀藩にとっては非常に重要なルートであった。しかし、現代では富山県側の一〇号線は土砂崩れによって、数年にわたって一般車両が通行できないことが頻繁に発生している。五四号線にいたっては、もう何年も通行止めのままである。かろうじて、石川県から刀利ダムまでのルートは通行できるが、十二月から四月末まで冬期閉鎖される。

山のみち交付金林道の工事が、このまま継続され完成したとしても、既存の県道と同じ事態に陥ることは火を見るより明らかであろう。道路として車両の通行を可能な状態に維持しようとする場合は、莫大な税金を注ぎ続けねばならないであろう。

上平・福光線および大沢野・八尾線は、イヌワシの飛翔が確認されたとして、平成十七年度の期中評価において「毎年モニタリング調査を実施し、工事実施時期に配慮する等の措置を講じている」としている。上平・福光線では、営巣も確認された。

その結果、路線の一部を変更したとされたが、イヌワシの飛翔範囲から見れば何らの効果もない程度の変更にすぎなかった。県がモニタリングカメラで抱卵の様子を二、三年ほど観察したが、繁殖は成功しなかった。

表2　山のみち地域づくり交付金林道の整備実績

全体計画				実績延長 (km)				実績率
旧路線名	路線名	延長 (km)	事業費	平成20年	平成21年	平成22年	合計	
高山・大山線	有峰線	8.9	8,897	0.3	0.5	0.4	1.2	13.5
朝日・大山線	宮崎・蛭谷線	11.5	5,109	0.2	0.8	0.9	1.9	16.5
	羽入・明日線	6.5	3,108	−	−	−	−	0.0
	下立・嘉例沢線	4.9	1,674	−	−	−	−	0.0
	福平・東城線	3.5	1,558	0.2	0.6	0.6	1.4	40.0
	合計	26.4	11,449	0.4	1.4	1.5	3.3	12.5
大山・福光線	大山Ⅰ線	9.7	5,536	−	−	−	−	0.0
	大山Ⅱ線	9.8	5,922	−	−	−	−	0.0
	大山・大沢野線	12.5	6,504	−	−	−	−	0.0
	大沢野・八尾線	9.7	3,981	0.2	0.4	0.2	0.8	8.2
	上平・福光線	17.7	5,807	0.5	0.2	0.6	1.3	7.3
	合計	59.4	27,750	0.7	0.6	0.8	2.1	3.5

参照文献
※平成20年度森林・林業施策の概要（平成21年3月、富山県）
※平成22年度版「富山県森林・林業白書」（平成22年3月、富山県）
※平成23年度版「富山県森林・林業白書」（平成23年3月、富山県）

表3　富山県緑豊かな森林づくり計画対象事業

事業名	事業型	事業箇所名（地区名）	事業実施主体	関係市町村	計画期間内の事業内容（工種及び数量）	工期	計画期間内の総事業費（100万円）
森林整備事業	山のみち地域づくり交付金事業	林道宮崎・蛭谷線	富山県	朝日町	林道開設 L=2,200m	H23～H26	1,204.5
森林整備事業	山のみち地域づくり交付金事業	林道福平・東城線	富山県	黒部市	林道開設 L=1,300m	H23～H26	410.0
森林整備事業	山のみち地域づくり交付金事業	林道有峰線	富山県	富山市（旧大山町）	林道開設 L=2,300m	H23～H26	2,860.5
森林整備事業	山のみち地域づくり交付金事業	林道上平・福光線	富山県	南砺市（旧福光町）	林道開設 L=1,600m	H23～H26	538.5

※「富山県緑豊かな森林づくり整備計画」（平成26年3月、富山県）別記参考様式第1号の2　農山漁村地域整備計画対象事業一覧表より抜粋

おわりに

富山県内の大規模林道三路線は、着工から二十～四十年が経過しているが、いまだにいつ完了するかの見込みが見えない。「富山県森林審議会総会資料」（平成二十一年三月）によると、緑資源幹線林道事業から山のみち地域づくり交付金事業に継承された平成二十年度の計画では、次のように記載されている。旧高山・大山線有峰区間の有峰線は延長〇・一キロメートル、事業費一・六億円、旧朝日・大山線では宮崎・蛭谷線と福平・東城線の二路線合わせて延長〇・四キロメートル、事業費一・八億円、旧大山・福光線では大沢野・八尾線と上平・福光線の二路線合わせて延長〇・八キロメートル、事業費二・一億円となっている（表1）。急峻な地形の続く有峰線におけるメートル単価は一六〇万円で、他の路線のメートル単価と比較すると図抜けて高コストである。

有峰線における平成二十年度から二十二年度の整備実施実績を見てみると、二十年度〇・三キロメートル、二十一年度〇・五キロメートル、二十二年度〇・四キロメートル、三年間で一・二キロメートル（実績率一三・五％）となっている（表2）。他の二路線の三年間の実績延長と実績率も同様に、旧朝日・大山線で三・三キロメートル、一二・五％、旧大山・福光線で二・一キロメートル、三・五％である。今後もこのペースで進捗するとするものと仮定すると、あと二十～八十年かかることになる。

「富山県緑豊かな森林づくり整備計画」（平成二十六年三月二十六日、富山県）では、平成二十三年度～二十六年度の計画期間における対象事業一覧の中で、山のみち地域づくり交付金事業として四件を挙げている（表3）。平成二十年～二十三年に実施された五路線から、大沢野・八尾線が外れている。

山のみち交付金林道とは別に、緑資源機構の解散に伴う継承事業として、「既設道移管円滑化事業」も創設され、平成二十年には有峰線（小見線）と大沢野・八尾線の二路線で計画されていた。この事業は、「未完成箇所の応急・災害復旧的な工事に限定して、全額国費で実施」するものであるとして、平成二十四年度で終了している。

富山県の山間地の多くは、土砂災害危険箇所区域に指定されている。同指定は、人家等に土砂災害の恐れがある区域を指定したもので、廃村などによって人家のない山間地は、指定されていない。しかし、既存の林道や県道などの地方道の多くが、路肩崩壊などの土砂崩れで頻繁に通行止めとなっている。魚津市から黒部市宇奈月を結んで、鳴り物入りで開設された別又僧ヶ岳林道（一九八五年竣工）も、宇奈月側から途中まで通行可能だが、竣工直後から魚津市側に抜けることはできなくなったままである。同林道の復旧工事にも、毎年多額の税金が投入されている。

また、大山Ⅰ線の起点である水須側のすぐ近くで、県営林道開設交付金による町長《まちなが》水須線の工事が行われているなど、多くの林道建設が山のみち地域づくり交付金事業と併行して進められている。

多額の国費、県費などの税金がつぎ込まれて、通行不能のまま放置されたり、復旧のために毎年のように莫大な金額が必要となる無駄な公共事業は、いつになったらなくなるのだろうか。

独立行政法人緑資源機構事業の継承・見直し

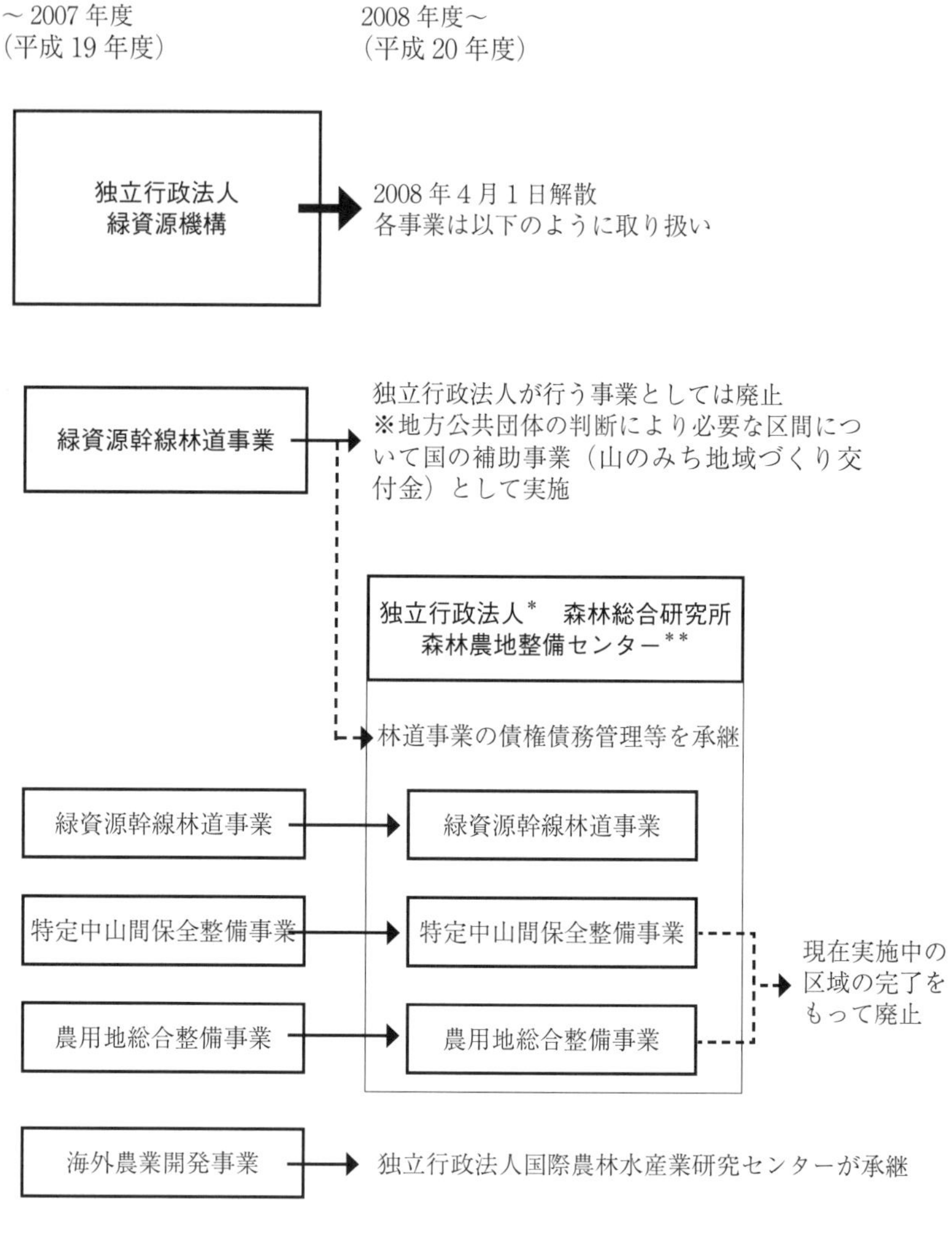

＊2015年度（平成27年度）4月1日より国立研究開発法人
＊＊2015年度（平成27年度）4月1日より森林整備センター

広島の大規模林道

金井塚務（広島フィールドミュージアム）

一　はじめに

二〇一二年一月十九日、広島県は細見谷渓畔林《ほそみだにけいはんりん》を縦貫する大規模林道、大朝・鹿野線二軒小屋―吉和西工事区間の建設を断念すると発表した。住民運動が勝利した瞬間である。この時点では、事業は止まったもののもう一つの山、大規模林道（緑資源幹線林道）敷設に伴う受益者賦課金の公的助成を違法とする住民訴訟が最終局面に入っていた。

大規模林道などムダな公共事業の息の根をとめるためには、単に事業を中止に追い込んだだけで終わりにするわけにはいかない。行政には継続性があり、一時的に事業から撤退したとしても、何時の日か同じ事業が名目を変えて復活することがあることは珍しいことではないからだ。いかにして事業復活の芽を摘むことができるか、そこに市民運動の難しさがある。

ここでは広島県における大規模林道阻止闘争を振り返り、今後の課題についても考えてみたい。

これまで広島県では、他の保守王国と呼ばれている地域同様、大規模公共事業への反対は完全に封じ込められてきた。まず広島では反対運動は起こらない、と信じられてきた感がある。しかし、「細見谷渓畔林」という生物学上極めて貴重な森林帯を縦貫するこの事業計画は、その価値に気づいた市民と多くの生態学者などによって、敢然と反対運動が盛り上がり、粘り強い活動の末、大きな成果を納めたのである。

そこでまず細見谷渓畔林とは何か、ということを『地方自治研修』（二〇〇三年三月）に寄稿した「止まらない大規模林道」から引用する形で紹介することにしよう。

細見谷渓畔林

広島市を貫流し、瀬戸内海に注ぐ太田川は広島県北西部の山岳地帯にその源を発している。島根・山口両県との県境に近い太田川の源流域一帯は、西中国山地国定公園に指定され、ブナなど落葉広葉樹林を中心とする自然林が比較的よく保全されている。中でも、十方山《じっぽうさん》南西側を流れる細見谷川流域は、渓畔林と呼ばれる河辺林が発達し、生物の多様性に富んだきわめて特異な地域である。

渓畔林は、河川の上流域の氾濫原に発達する河辺林（湿地林）の一種で、サワグルミ、トチ、オヒョウ、イタヤカエデ、ナツツバキ、カツラ、シナノキといった樹種が生育し、山腹のブナ、イヌブナ林へと続く移行帯（エコトーン）として多様性に富んだ林相を有している。渓畔林自体は、氾濫原が発達しやすい比較的広い谷が発達する本州中部以北や北海道ではそれほど珍しい存在ではないが、急峻で谷が深いという地形的特徴の西日本において、細見谷渓畔林は稀有な存在である。しかも、細見谷渓畔林は、サルナシ、イワガラミ、ヤマブドウ、オニツルウメモドキといった胸高直径が二〇センチメートルを超える蔓植物を多く伴うなど、構造的にみても他地域の渓畔林とは異なる特徴を有している。さらになだらかな流れに沿って、四キロメートル以上も直線的に連続する広い氾濫原を伴う細見谷渓畔林は、その規模においても全国有数の存在である。

このような植物の多様性もさることながら、さらに重要なのは、ここ細見谷地域が魚類、水棲昆虫、陸棲昆虫類、陸棲貝類、両性類、爬虫類、鳥類、哺乳類など実に多様な生物群集を擁する西中国山地の原生的自然のストックとして存在し続けていることにある。生物学的、進化史的価値は計り知れない。一度失ってしまえば二度と取り戻すことができない、まさにかけがえのない貴重なストックなのである（以上引用）。

特に絶滅の恐れのある西中国山地のツキノワグマ個体群（孤立個体群）にとってはその中核的生息地としてその価値は極めて大きい。

日本列島を概観すれば、渓流沿いに発達するこの渓畔林は東北・北海道ではさほど珍しい存在ではないが、古代から開発の手が入った西日本においては京都府美山町の芦生原生林（京都大学演習林）と並ぶ希有な存在として知られている。つまるところ、広島県における大規模林道反対運動は、この細見谷渓畔林の保存運動という側面が強く、他の路線では反対運動がほとんど生じていない。しかしながら、細見谷渓畔林を縦貫する大規模林道に対する一連の反対運動は、受益者賦課金の公的負担（税金の投入）というムダな公共事業としての林道建設問題の根幹に関わる側面も浮かび上がらせることになった。

そこで本項では、細見谷渓畔林の保護運動としての側面と公共事業の推進エンジンともいえる受益者賦課金の公的助成という違法性を明らかにした住民訴訟の二つの側面から、闘争史と今後の課題を見ていくことにしよう。

二　要望・要請の運動（市民を巻き込んだ大衆運動）——お願いの反対運動の限界

細見谷渓畔林を縦貫する大規模林道事業に対する反対運動はその初期段階から広く市民を巻き込んだものへと発展してきた。当初は森林資源公団や関係自治体などへの要望書、意見書、署名活動などによる建設中止を求めるものであった。しかしながらいかに多くの署名を集めようが、専門家が意見書、要望書を提出しようが、事業主体となる国や地方自治体の対応が大きく変わることはなかった。こうした要請や要望には強制力がない以上、動き出した公共事業を止める手立ては現在の我が国にはほとんど存在しない。そこでなすべきことは、法律に基づく強制力を持った運動への転換である。広島の大規模林道を中止に追い込んだのはこうした、あらゆる手段を講じての抵抗運動にあったといえるであろう。しかし、いきなり強制力を有する運動の展開などできるものではないことは言うまでもない。それはそこに至る長い市民運動の成果の過程を経てようやく実現することになる。

そこで広島ではいったいどのような運動が展開されてきたのかを少し具体的に振り返ってみることにしよう。

広島県の片隅に位置する「細見谷渓畔林」は、当初、名前すら聞いたことがない無名の地で、林業関係者か生物学に関心を持つ一部の研究者くらいにしかその存在は知られていなかった。それがやがては、県民の多くがその生物多様性の象徴としてその価値を認める有名スポットへと変貌してきた。それは、長い

細見谷渓畔林

長い戦いの中で倦まずたゆまず運動を続けてきた関係者の努力のたまもの以外の何物でもない。

　そもそも細見谷渓畔林を縦貫する大規模林道事業計画は一九七七年（昭和五十二年）三月、大規模林道大朝・鹿野線の実施計画が農林大臣許可を受けたことに始まる。それに先立つ一九七三年（昭和四十八年）に森林開発公団が大規模林業圏開発林道事業（いわゆる大規模林道）を所管事項とし、細見谷を縦貫する大規模林道計画が明らかになると、広島大学の植物学教室を中心に大規模林道開発ルートの変更を求める動きがあったという。これは大規模林道工事そのものの中止ではなく、細見谷を通らないルートに変更すること、もしそれがダメならせめて高規格道路ではなく、十方山林道を拡幅しないよう求めたものだったようだ。しかしながらその願いもむなしく、ルート変更は認められず細見谷渓畔林を縦貫する計画は原案通り正式に認可された。

事業認可の翌年、一九七八年には環境庁（当時）は計画地である細見谷渓畔林域（水越峠〜立野）での第二回自然環境保全基礎調査の特定植物群落調査を実施し、同地域をＡＡＡランクの自然度（屋久島、白神と同レベル）を有する渓谷林と評価した。これを受けて広島県は同地域を西中国山地国定公園の特別保護地区に指定したのだが、不思議なことに林道計画地だけは、第二種特別保護地域指定にとどまっている。こうした自然環境の保全より公共事業が優先されるという行政の体質は全国に蔓延している。広島県の事例は決して特殊なものではない。

このあざとい特別保護地区指定問題については、原哲之（故人・広島の森と水と土を守る会・一九九〇年発足、以後「森水の会」と略称する）が、「細見谷と十方山林道（調査報告集、二〇〇二年、二八〜二九頁）」でその詳細を論じている。

こうして一九九〇年（平成二年）九月に、大規模林道、大朝・鹿野線戸河内―吉和区間（城根―二軒小屋工事区間）の工事が始まった。着工後も「森水の会」が関係省庁への事業中止の申し入れ（一九九六年、一九九八年、二〇〇〇年）を行うなど反対運動は静かに継続していたのだが、大衆運動への発展は見られなかった。

ただ全国的には大規模林道問題は広がりを見せていたようで、二〇〇〇年（平成十二年）十二月に林野庁の事業再評価委員会が開かれ、大朝・鹿野線が全国の再評価を要する路線の一つとして選ばれた。委員会では、特に十方山林道部分について「環境保全への配慮等のために、幅員を縮小するなど計画路線一部を変更した上で事業を継続することとする。なお、渓畔林部分については環境保全に十分配慮して事業を実施する必要がある」との意見が出された。これは事実上のゴーサインである。

調査体制の確立——研究者との協働

大朝・鹿野線小板城根―二軒小屋工事区間着工からおよそ十年。大きな転機が訪れることになる。大規模林道大朝・鹿野線の完成は最終段階に至り、いよいよ細見谷渓畔林を有する二軒小屋―吉和西工事区間の着工が現実味を帯びてきた。二〇〇〇年、林野庁の事業再評価委員会の意見を受けて、開催された事業期中評価委員会では、十方山林道部分について「環境保全への配慮等のために、幅員を縮小するなど計画路線一部を変更した上で事業を継続することとする。なお、渓畔林部分については環境保全に十分配慮して事業を実施する必要がある」として、事業変更をした上で着工を認める判断を下した。

こうした危機的な状況の下、翌二〇〇一年九月、広島において第九回大規模林道問題全国ネットワークの集いが開催され、広島の大規模林道問題が全国に知られることとなった。と同時に、広島県内での認知度も上がり、これをきっかけとして、建設阻止にむけてNGOを中心とする植物、動物、地質などの本格的な調査が始まった。二一世紀の幕開けとなった二〇〇一年は、広島県の大規模林道阻止運動にとって画期的な年となったのである。脇道へそれるが、その辺の事情について簡潔に述べておこう。

大規模林道全国ネットワーク広島集会は「森水の会」が主体となって開催されたのだが、筆者も「広島県のケモノの現状」を報告することになり、大規模林道問題と直接関わるきっかけとなった。

一九九〇年代は野生動植物の生息環境の悪化が顕在化し、特に西中国山地のツキノワグマ孤立個体群の絶滅への危惧は深刻であった。私が一九九〇年代後半にツキノワグマの生態学的調査に乗り出したのもそんな事情があったからである。

広島県ではツキノワグマ個体群の絶滅を防ぐために狩猟禁止措置（一九九四年）をとるなど保護策を実施してきた。その一環として広島県版のレッドデータブック（ＲＤＢ）の編纂事業も立ち上げられた。ところが広島大学をはじめとして県内の大学には動物生態学を扱う学部が存在せず、ほ乳類の生態に通じている専門家がいないという事情があって、ニホンザルの研究をしていた筆者もレッドデータブック編集委員のほ乳類担当委員として参加することになった。また、翌二〇〇二年、「森水の会」は河野昭一京都大学名誉教授を招いてその貴重さをアピールした上で、細見谷渓畔林域における森林構造を解明する植物学的な調査も開始した。その調査結果は「細見谷と十方山林道」にまとめられ、細見谷における特異的な植物相が明らかになった。こうした流れの中で、日本生態学会も細見谷渓畔林保全に動き始めた。こうしたＮＧＯが協力して自前の調査活動を推進してきたことが、その後の流れに大きく影響を与えたのである。

「細見谷と十方山林道」の出版に続き、翌二〇〇三年には、日本生態学会が計画中止を求める要望書を総会で決議し、環境大臣、農林水産大臣、広島県知事、廿日市市長、緑資源公団へ順次提出された。と同時に要望書実現のためのアフターケア委員会が設置され、活動を始めた（日本生態学会ＨＰ参照　http://www.esj.ne.jp/esj/Activity/2003Hosomidani.html）。

日本生態学会は会員数四〇〇〇名を超える大きな学会ではあるが、その構成員は生態学者のみならず環境アセスメント会社の職員など公共事業推進の側に立たざるを得ない人など多様な立場の人たちで構成されている。そんな学会の総会で公共事業反対を決議することはなかなか容易なことではない。

生態学会の要望書は基本的には地区会（中四国）での決議があり、自然保護専門委員会の議論を経て総会にかけられる。しかも決議内容を実現するに当たっての活動自体、いわゆる政治的な活動として学会内部では否定的な扱いを受けるものである。したがって多くの場合、要望書の内容は総花的、理念的なものになりがちである。正直な話、こうした学会の要望書は出しっ放しでそれほど実効性があるとは思っていなかったのだが、しかし幸いなことに、細見谷要望書の内容は、極めて具体的かつ明快であった。

要望書の実現のためにはいわゆる「政治的」な活動をせざるを得ないが、多くの研究者はこれを嫌う傾向がある。自身は常に政治的中立（そんなものは有りはしないのだが）を保つのが研究者の本分と心得ているようだ。しかし細見谷要望書アフターケア委員会としては要望書実現に向けて活動をすることに全力を注いだ。その結果この要望書の採択をきっかけに、「ムダな公共事業チェック議員の会」の国会議員を中心とした議員と協働しての関係省庁への申し入れやシンポジウムの開催、事業中止を求める署名活動など様々な活動が活発化した。

このように広島県では、生態学会に所属する研究者と「森水の会」などのＮＧＯとの協働体制ができ、関係省庁への働きかけを強めていくことが可能となった。研究者と市民（ＮＧＯ）そして政治家とのこのコラボレーションの成果は、「環境保全調査検討委員会」設置と構成メンバーの選任を通じて実質的な勝利を引き寄せたことに現れている。そのいきさつを振り返ってみよう。

三　環境保全調査検討委員会を監視する

保全調査検討委員会の設置

二〇〇三年十月、緑資源公団は独立行政法人緑資源機構となり、大規模林道大朝・鹿野線戸河内―吉和

区間、坂根—二軒小屋工事区間の完成に引き続き、細見谷渓畔林を含む二軒小屋—吉和西工事区間の着工を目論んでいた。計画では、二〇〇三年暮れに、同工事区間の環境影響調査書を公開閲覧し、翌年春には着工の予定となっていた。しかしながらことはそう簡単ではなかった。

　緑資源機構の思惑とは違って細見谷渓畔林保全を求める声は日増しに強くなり、NGO主催のシンポジウムの開催や、関係省庁への度重なる申し入れなどが功を奏し、環境保全調査検討委員会を設置して審議せざるを得ない状況になった。

　機構側は二〇〇三年夏までに環境保全調査を終え、中間報告を公開し、それを基にした最終報告書を年末までに公開する予定でいた。それに対して、「吉和西工事区間に関する環境・地質調査結果の検討に関する」要望書をNGO、アフターケア委員会などが協働して提出し、対決姿勢を強めると、緑資源機構は広島地方建設部を通じて「大規模林業圏開発林道大朝・鹿野線戸河内・吉和区間（二軒小屋・吉和西工事区間）における環境調査」について下記のような通達を出さざるを得なくなったのである。

> 戸河内・吉和区間（二軒小屋・吉和西工事区間）の環境調査については、平成十三年（二〇〇一年）度から緑資源機構が委託により動植物等の調査を実施してきたところです。
>
> 　調査は、平成十五年秋頃までに取りまとめ、公表することとしていましたが、当該区間における自然環境保全の重要性に鑑み、事業が自然環境に及ぼす影響の予測・評価および保全措置について慎重に検討するため、当初の見込みより取りまとめに時間を要することとなりました。
>
> 　このため、公表時期については、今後の検討状況を踏まえて決定することとし、当分の問延期い

たしますのでお知らせします。

緑資源機構は延期の理由を「慎重に検討するため」としているが、実は検討委員会が作れないという事情があるとの未確認情報が各方面から入ってきていた。その原因の一つは「日本生態学会」の「総会決議」によって「要望書」が出されているため、生態学会に籍を置く研究者が推進側の委員として検討会委員への就任を拒むという事情が強く働いており、人選が難航していたのである。その後、機構は波田善夫(岡山理科大学・植物学)、鳥居春己(奈良教育大学・ほ乳類学)両氏を選任したものの、他のメンバーは広島県に人選を委任せざるを得なかったようだ。委託を受けた広島県はレッドデータブック編集委員の中から中村慎吾(比婆科学教育振興会)、石橋昇(広島大学名誉教授・群落学)、日比野政彦(鳥類保護連盟)の三氏を選任した。こうして一応、環境保全調査検討委員会(中村慎吾座長)が立ち上げられたのである。

一般的にこうした検討委員会というものは、一回目で事務局が準備した素案を提示し、二回目で簡単な(形式的な)議論をした上で、三回目に素案もしくは素案に近い修正案を了承して終わるものである。そのためには議論は非公開が望ましい。今回の機構が提案した「環境調査保全検討委員会」も同じような思惑があったようだ。アフターケア委員会は自然保護専門委員会と合同でこの企図を阻止すべく委員会の公開を求める要望書を提出した。これに対して、機構は「委員による自由かつ公平な立場から審議を確保する観点から非公開とする」ことを回答してきた。

予想通りの回答である。しかし、これまでの林野庁との交渉で「情報の共有の重要性」を確認してきたことに加え、「研究者は学術的・専門的な議論は公開の場で行うことを旨とする」ことを理由に委員会の公開を強く求めたが、この再要請にも機構はかたくなな態度を崩さなかった。検討委員会は非公開のまま、二〇〇四年六月に第一回の検討委員会が開催された。が、しかし事態は思わぬ方向へ進んだのである。

第一回目の検討委員会こそ非公開で行われたが、度重なる公開要求の結果、委員の間からも公開を求める声が上がり、二回目（二〇〇四年九月）に一部公開となり、三回目（二〇〇四年十一月）以降の審議は原則公開とされたのである。検討委員会が公開されると、その議論の稚拙さに傍聴者たちは毎回、辛辣な批判と専門的な質問を委員会にぶつける行動に出た。議論は紛糾し迷走を続けた。そもそもこの検討委員会は発足当初から信頼性に疑問符がついていたうえに二〇〇五年二月に行われた意見聴取会での中村座長の公正を欠く議事進行や不適切な発言が参加者の怒りを買い、検討委員会の信頼性喪失は決定的となっていたのだ。

たとえばツキノワグマに関しては、実態を知る研究者もおらず現場に即したデータも持ち合わせていない委員会では、まともな保全策を検討することなどできず、議論は混迷を深めた。同じことがサンショウウオやカエルなどの両生類にもいえた。さらに植物に関しては、NGOの調査結果と機構の調査結果が大きく異なり（一致率六〇％）、機構の調査の信頼性に多くの疑問が呈された。この植物調査結果の乖離は最後まで埋まることはなかった。第九回目（最終回二〇〇五年十一月）の検討委員会でも「調査不足」を指摘する意見が出ていた。検討委員会に対して投げかけられた疑問や異論は『細見谷と十方山林道「二〇〇二年版刊行後の活動記録」二〇〇六』に詳しいが、当時の記録からそのこと象徴するエピソードを一つだけ紹介しよう。

「特に植物リストに関しては、機構側の調査不足を委員の誰もがそれを認めざるを得なかった。そこで

『報告書には、暫定的なリストとして、掲載しましょう』という座長のトンでも発言が飛び出す。暫定的な最終報告書とは一体なんなのだろうか。傍聴者から大きな失笑が漏れたのは言うまでもない。さすがにこれはまずいと思ったのか、次には『ＮＧＯのリストを借りましょう』と発言し、さらに輪をかけて失笑される結果となった。これほどまでに不完全な調査にも関わらず、十分議論を尽くしたとのコメントを各マスメディアを通じて公言してはばからない態度はたいしたものである」（金井塚のブログより）

こんな訳で最終回となった検討委員会（第九回二〇〇五年十一月）で、波田、鳥居両委員は「調査の基本方針と精度」に大きな疑問が残るとして、報告書案の承認を拒否し、石橋、日比野両委員と中村座長が承認することでかろうじて環境保全調査検討委員会は目的を果たしたのである。

このように議論が紛糾していることも理由となってか、林野庁は細見谷渓畔林を縦貫する大規模林道事業を二〇〇〇年についで再度、期中評価委員会にかけることを決定し、その是非を再検討することになった。異例のことである。翌二〇〇六年六月、期中評価委員会の現地視察と意見聴取会（安芸太田町・いこいの村）が実施されたのだが、この意見聴取会の運営に関しても一問着があった。

意見陳述人は一〇名、意見表明は一人十分、議事録は作製しないという。私たちはこれに異議をとなえた。複雑な細見谷渓畔林の自然に関する意見をわずか十分でというのは不可能であること。まして議事録を作製しないと言うことは、この意見聴取会が単なる儀式ないしは免罪符として利用されることを意味している。もし、議事録を作成し公開しないのであれば、意見表明は拒否するとの通告に、事務局側は妥協案を示してきた。議事録は作成しないが、「地元等意見聴取対象者の発言要旨」を作成し、これを公開するというものだった。これは後日、発言者がその要旨または全文を提出すれば記録として保存公開するという。こうすれば、発言時間が短いという制約の中でも発言の内容を具体的に記録できることになり、一応の成果を獲得することができた。

環境保全調査検討委員会が継続していた間も、それに並行して、NGOや市民たちによる定期調査のみならず、シンポジウムや写真展、観察会などの普及活動、そして国会議員の協力を得ての関係省庁への申し入れなどが精力的に行なわれていた。

とはいえ、環境保全調査報告書が承認された以上、着工はいよいよ現実味を帯びてきた。これを指をくわえて見ているわけにもいかず、次の一手を打つ必要に迫られていた。とにかくやれることは何でもやっておかねばならないという気持ちで取り組んだのが、細見谷渓畔林の保護を求める署名活動である。

環境保全調査検討委員会による報告書案の承認後、日本生態学会「細見谷要望書アフターケア委員」を中心とした研究者グループの呼びかけで、「細見谷渓畔林地域を西中国山地国定公園の特別保護地区への指定を求める」緊急署名活動が始まった。四カ月余りの間に全国から四万五〇〇〇筆に近い署名が寄せられ、それらは広島県、環境省へ提出された（二〇〇六年四月）。

もともと、細見谷渓畔林を含むこの地域一帯は、環境庁（当時）が実施した「自然環境保全基礎調査（緑の国勢調査）」の中の「特定植物群落調査」で、「細見谷の渓谷植生」として水越峠～吉和川合流地点までを、「（細見谷は）きわめて貴重な渓谷林」（内容）として記載されていた。

しかし広島県は環境省に図示して提出する際に、大規模林道計画（一九七三年承認）に配慮して意図的に図示しなかった可能性が高い。

それを裏付けるかのように、この署名を提出した際に対応した広島県森林保全課の職員は「ここを特別保護地区に指定すると、林道整備事業ができなくなる」ので認められないと回答している。語るに落ちたとはこのことだ。そうした事情もあって、本来の「特別保護地区」に指定し直すことを求めたのがこの署名である。

一方、環境省では、国定公園のことは県の専権事項だから如何ともしがたいが、細見谷渓畔林の重要性に鑑みれば、環境省としても折りを見て適切に指導していきたいとのことであった。しかしながら、後日、県に確認をとったところ、現時点（二〇〇七年五月九日）では、そのような指導は無いとのことであった。その場しのぎの対応でお茶を濁す環境省の立場をかいまみたようだ。四万五〇〇〇筆の署名を持ってしても、強制力のない運動には大きな限界があるのも事実である。そこで、次の一手として実行したのが、廿日市市に対して強制力を伴う「住民投票条例の制定を求める直接請求」という運動である。

四　強制力を持つ運動へ

細見谷林道工事の是非を問う住民投票条例の直接請求

廿日市市は、細見谷を縦貫する大規模林道（緑資源幹線林道）を合併前の吉和村の総意であるとして、事業推進を表明していた。しかしながら生態学会が、工事中止を求める要望書を提出すると、市長はこの件に関して、（合併による）行政の継続性を認めながらも状況の変化を勘案して慎重な審議を約束した。ところがその約束は守られることなく、以後、推進一点張りの態度に終始した。そこに林野庁の圧力があったことは誰の目にもあきらかであった。地方自治とは名ばかりで、地方交付税、補助金の査定といった中央官庁の圧力は多かれ少なかれどの自治体の運営に影響を与えている。大規模林道事業は国の補助金事業として政官業の癒着が指摘されてきたもので止まる気配はない。だからいかに市民が正論をかざして反対運動を展開しても、その利権構造を突き崩すことは困難なのである。細見谷渓畔林保護運動と連動した大規模林道事業を中止に追い込むには、法的に拘束力を持つ方法に頼らざるを得ないというのが運動を通じての実感である。

折しも当時は、平成の大合併と呼ばれる自治体再編の動きがあり、広島県では特に熱心に進められていた。もともと大規模林道は吉和村という小さな村の問題であり、地方自治法に定められた直接請求権は、大野町の町民であった筆者や廿日市市民には無縁のものだったのである。ところが二〇〇三年三月に廿日市市はこの吉和村、佐伯町と合併し、さらに二〇〇五年十一月には大野町、宮島町とも合併した。この広域合併によって、細見谷渓畔林保護を目的とした大規模林道問題は旧廿日市市民や旧大野町民にとって地元の問題となったのである。何とも皮肉なことだが、この合併がこの条例制定の直接請求やその後の住民監査請求、住民訴訟へと運動が展開していく機会を与えたのである。

環境保全検討委員会の不公正かつ強引な運営と保全案の承認という結末に納得がいくはずもなく、林野庁による期中評価委員会への上程といった状況の中、地元市民の意思を明確にしておく必要もあって、地方自治法第七四条の規定に従って、「細見谷林道工事の是非を問う住民投票条例制定を求める」直接請求を行なう決意を固めたのである。しかしこうした条例制定の直接請求は口で言うほど簡単ではない。当然のことだが、政治家との連携がそのベースにあったことも事実である。「公共事業チェック議員の会」(中村敦夫代表・当時)に所属する国会議員とはこれまでもずいぶんと協働してきたが、地元選出の松本大輔代議士（民主）は当選直後から地元の問題として、事業中止のために奔走していた。その代議士から、「お願いの反対運動では限界があり、これからは強制力を持つ運動が必要ではないか。すなわち林道工事の是非を問う住民投票条例の直接請求をしないか」との提案がなされたのである。

林道をとめることなら何でもする覚悟を決めていた私は、その提案を受け入れる決心をし、それまで一緒に活動してきた廿日市・自然を考える会（高木恭代代表）とも条例制定の直接請求運動を起こしたのである。ところで直接請求とはどんなことなのだろうか。簡単に説明をしておこう。

地方自治法は、議会制民主主義の足らざるところを補うものとして、住民の条例の改廃に関する請求を認めている。

第七四条　普通地方公共団体の議会の議員及び長の選挙権を有する者（以下本編において選挙権を有する者」という。）は、政令の定めるところにより、その総数の五〇分の一以上の者の連署をもつて、その代表者から、普通地方公共団体の長に対し、条例（地方税の賦課徴収並びに分担金、使用料及び手数料の徴収に関するものを除く。）の制定又は改廃の請求をすることができる。

二　前項の請求があったときは、当該普通地方公共団体の長は、直ちに請求の要旨を公表しなければならない。

三　普通地方公共団体の長は、第一項の請求を受理した日から二十日以内に議会を招集し、意見を附けてこれを議会に付議し、その結果を同項の代表者に通知するとともに、これを公表しなければならない。

四　議会は、前項の規定により付議された事件の審議を行うに当たっては、政令の定めるところにより、第一項の代表者に意見を述べる機会を与えなければならない。

（以下略）

というもので通常の署名活動とは異なり、首長に対して強制力をもつ。したがって、それを求める署名にも、自筆、押印など、厳しい要件が科されている。

具体的には、条例案を策定（松本事務所に依頼）し、定められた手続きと期間内に一定数（有権者数の二％）の署名を集めなければならないということだ。かなりハードルは高い。綿密な計画を立てなければならないが、まず市民の共感を得ることが大事である。あらゆるメディアを通じて「なぜ住民投票か」を理解してもらわなければならない。

当時のブログ（細見谷に大規模林道はいらない・金井塚　務）から拾ってみよう。

「細見谷大規模林道建設の是非を問う住民投票を実現する会」立ち上がる（二〇〇六年五月二十二日）

細見谷渓畔林を縦貫する国の大規模林道（現・緑資源幹線林道）が、今期着工されようとしている。この林道は三十年以上前に林業振興を目的として計画され、当初の予算は九六億円であったが、完成部分の一一キロメートルに七七億円を費やし、進捗率四割にして予算消化率八割となっている。今年度、予算は一〇六億円に増額されたが、着工されようとしている一三キロメートルが、残りの二九億円で完成するとは考え難い。工事費は、ほぼ全額が国税・県税・市税によって賄われ、完成後の維持管理費は将来にわたって廿日市市が負担することとなる。

この公共事業の実施に当たって論点が三つある。

(1)環境は守られるのか、(2)費用対効果は、(3)地元の要望なのか、である。

(1) 細見谷渓畔林は、国レベルでの第一級の保全対象とされるほど、貴重な動植物の宝庫である。日本生態学会は「いかなる種類の舗装工事も（中略）渓畔林の衰退をもたらす恐れが強い」として、工事中止を求めている。国の大規模林道再評価委員会における、「環境保全に十分配慮して事業を実施」との評価結果を受け、緑資源機構は環境保全調査検討委員会を設け、環境保全策を検討したが、五名中二名の委員から基礎調査の不足を指摘する付帯意見が出されるなど、果たしてこれで貴重な自然が守られるかどうかは疑わしいと言わざるを得ない。

(2) また、費用対効果についても不明な点が多い。林道完成後における森林整備計画は示されていない。一日一九二台の車両通行が予測されているが、その算定根拠には疑わしい点が多い。そもそも、付近には既に中国自動車道、国道及び県道が並行して走っており、四本目の道路が必要かどうかも疑問である。さらに、工事予定地は県内有数の豪雪地帯であり、完成したとしても一年の半分弱は通れない。しかも崩落などによる土砂災害によって市の負担する維持管理費が膨れあがる恐れもある。

(3) 加えて、国は大規模林道事業に対する地元の強い要望があると主張している。しかし、私たち廿日市市民が本当にこのような事業を強く要望しているのか、これまで確認されたことはない。

国や自治体が深刻な財政赤字の状況にあって、多額の税金を投入してまで、かけがえのない貴重な自然を破壊する危険性の高い大規模林道工事が本当に必要か否か、納税者たる市民に判断をゆだねるべく、「細見谷林道工事の是非を問う住民投票条例」の制定を請求するとして、五月十三日に「細見谷大規模林道建設の是非を問う住民投票を実現する会」（代表　金井塚　務）を立ち上げました。

直接請求には、廿日市市の有権者の二％（約一九〇〇名）の署名が必要です。署名の収集には、市の選挙管理委員会（選管）に届け出た直接請求代表者と受任者が当たります。

受任者は指定された署名簿一式を持ち、署名活動に従事することになります。

現在、その受任者になっていただく方（廿日市市の有権者に限る）を広く募集しています。

こうして始まった住民投票条例の直接請求は、署名総数八〇五三を集め、そのうち有効署名は七八六七（無効一八六）となった。廿日市市の有権者数九万四七七六人（二〇〇六年六月二日現在）であるからこれは全有権者数の八・三％に当たる。さて、この市民の声に議会はどのように応えるのであろうか。臨時市議会は会期八日間で最終日八月十八日に請求者代表（金井塚）の意見陳述があり、即日採決という段取りとなった。

じつはこの八月十八日というのは、奇しくも林野庁の期中評価委員会が開催され、細見谷問題が検討されることになっている。林野庁は情報収集に追われ、リアルタイムで臨時市議会の行方を注視していたという。この辺の事情を再度ブログから再録してみよう。

否決はされたが……、廿日市市議会と期中評価委員会（二〇〇六年八月十八日）

細見谷林道工事の是非を問う住民投票条例制定について審議するための臨時市議会（広島県廿日市市）は午前九時半に開会された。傍聴席は満員で、ロビーでのモニター、別室でのモニターによる傍聴者が出る盛況ぶりで、市民の関心の高さがうかがわれた。

請求代表者（金井塚）の意見陳述のあと、市長に対する質疑が行われ、市側の答弁はいつもと同じで、テープレコーダにでも録音しておいたのかと思わせる誠意のないものに終始した。（中略）

そんな、根拠薄弱な理由で、住民投票条例を葬り去るとは、ああ、嘆かわしい。まして市長が示した、住民投票が必要な基準とは、「一　議会の賛否が拮抗して判断がつかない場合か　二　原発や基地問題など住民の意見が割れている状況に限られる」のだそうだ。議会も市長も問題の重大性に気がつかない場合は対象外ということならば、議会や市長の鈍感さ、問題意識のなさは誰がフォローするのだ。主権者をバカにするにもほどがある。

というわけで、廿日市市議会は細見谷林道工事の是非を問う住民投票条例案を七対二四であっさり否決してしまった。その見識は有権者の記憶に深く留まるに違いない。

一方、臨時市議会と同じ日、東京では、林野庁の第四回期中評価委員会が開催され、細見谷を縦貫する大規模林道計画対して次のような結論を出した。

大朝・鹿野線について評価委員会の意見

森林の有する多面的機能の発揮、林業・林産業の活動の見通し、地域振興への貢献度等を総合的に判断した結果、次の通り、戸河内—吉和区間について条件を付すとともに、鹿野区間に計画変更を行った上で、事業を継続することが適当と考える。

戸河内—吉和区間については、林道整備の必要性は認められ、地元の要請も強い一方で、特に渓畔林部分及び新設部分については、自然環境の保全の観点から、さらに慎重な対応が求められる。このため吉和側、二軒小屋側の拡幅部分については、環境保全に配慮しつつ工事を進めるとする。また、渓畔林部分及び新設部分については、地元の学識経験者等の意見を聴取しつつ引き続き環境調査等を実施して環境保全策を検討した後、改めて当該部分の取り扱いを緑資源幹線林道事業期中評価委員会において審議する。（傍点引用者）

鹿野区間については、事業効果の早期発現や事業費の縮減を図る観点から、路網整備が必要な森林と公道を効果的に結ぶよう線形を変更する。（以上）

条件が付された結論は大変異例な事で、それだけ細見谷は貴重な存在であるということを期中評価委員会も認めたのである。

安心はできないものの、どうやら勝利の予感がしてきた。もう一押しである。ところが緑資源機構は、期中評価委員会のこの意見を踏まえ、十一月二十一日ついに、二軒小屋と吉和西入り口付近、つまり工事区間の両端から大規模林道工事に着手したのである。実績作りを急いだのであろう。しかしその二十日前の十月三十一日、会計検査院が緑資源機構に官製談合の疑い有りとして立ち入り検査に入ったというニュースが飛び込んできた。この事件をきっかけに独立行政法人緑資源機構は二〇〇七年度をもって廃止されることになり、着工した吉和西入り口付近一二〇〇メートル、二軒小屋入り口部分五〇〇メートルほどが完成したところでその後の工事は一時休止となった。

談合疑惑が発覚したことを受けて二〇〇七年四月二十六日には森水の会、広島フィールドミュージアム、細見谷研究者グループが連名で緑資源機構に対し「細見谷大規模林道工事の即時中止を求める要望書」を、五月十八日には大規模林道問題全国ネットワークが「緑資源機構の解体を求める声明」を出し林野庁に申し入れを行なっている。その直後の五月二十四日、緑資源機構の理事ら六名が官製談合の疑いで東京地検特捜部によって逮捕され、談合疑惑が事件として立件されたのである。この談合事件では、当時の農水大臣であった松岡利勝氏を始め、三名の関係者が自殺するという政官界を揺るがす痛ましい事件となった。

この談合疑惑は共産党、民主党の議員たちの追及から露見したもので、大規模林道事業がいかに利権にまみれた事業であったかが白日の下にさらされたのである。

これだけの大事件に発展したことから、林野庁は二〇〇七年度末（二〇〇八年三月三十一日）をもって、独立行政法人緑資源機構の廃止を決定し、大規模林道事業も終焉を迎えたかのように見えた。しかし、ことはそう簡単ではなく、林野庁は国の事業としての大規模林道事業からは撤退したものの、事業主体を道府県に移管して補助金事業「山のみち地域づくり交付金事業」として、継続することを決定したのである。

このことは大規模林道問題が各地方自治体固有の問題となったということであり、全国的な取り組みでは対応できない事態を惹起したのである。それは各道府県に即した新しい対応が求められることを意味しており、運動の変革が必然となった。

これに斬新な視点を与えてくれたのが、北海道で大規模林道問題で活躍していた市川守弘弁護士（札幌市）である。市川弁護士は、林道問題における財務会計上の問題に突破口を見いだしていた。二〇〇七年十一月に広島で開催されたシンポジウム「どうする！　日本の森―文化の源流・人と自然を考える」において、大規模林道問題を抱える全国各地で一斉に「住民監査請求」を起こすことを提案していた。しかしこの呼びかけに応じたのは、広島だけだった。「住民監査請求」という手段は、一市民にとってかなり高いハードルであることは間違いない。何しろなじみがないのだから、何をどうすれば良いのか、さっぱりわからない。わからないものは不安である。そうした漠然とした不安に加え、住民を代表して行政と対峙する覚悟が求められるから、どうしても決断がつかない。道理である。しかし何としても理不尽な自然破壊や税金の無駄遣いを阻止するという決意があれば、それも乗り越えられものと己に言い聞かせて進むしかないのである。結果から言えば、「住民監査請求」とそれに続く「住民訴訟」は極めて有効な手段であることを身をもって証明することができたのである。

五　監査請求から住民訴訟へ

受益者賦課金の公的助成は違法

大規模林道事業のような無駄とも言える事業が全国で推進されているその裏には、受益者に課される賦課金を地元自治体が肩代わりしているという事実がある。ここにメスを入れることで「細見谷渓畔林の林道問題」という一地域の問題を全国的問題へと普遍化し、無駄な公共事業をストップする力となる。そのためには「住民監査請求」と「住民訴訟」という法的手法が有効な手段であった。

二〇〇八年九月十二日　大規模林道（緑資源幹線林道）大朝・鹿野線戸河内―吉和区間における西山林業組合に課せられた受益者賦課金（二〇〇七年九月十一日支出）の助成を違法として住民監査請求を起こす。

二〇〇八年十一月七日　廿日市市監査委員会は同監査請求を棄却
二〇〇八年十二月二日　住民監査請求の棄却を受けて広島地裁に提訴
二〇〇九年七月十六日　第二次監査請求、大規模林道事業が平成十九年度を持って終了しにも拘わらず、漫然と受益者賦課金の助成を続けることを違法として監査請求を提起。
二〇〇九年九月九日　同請求が棄却される。住民訴訟を提起し、一時訴訟と併合。

住民監査請求は棄却されたが、これは想定内の出来事で、むしろ我々としては棄却を望んでさえいた。目的は「住民訴訟」である。司法の場を借りて、これまで明かされることがなかった事実を白日の下にさらし、受益者賦課金の公的助成の違法性を明確にしたかったからである。もう一つ、地方自治体の「監査」がいかに形式的で実効性に欠ける制度であるかということを、市民に伝える良い機会だと考えたからでもある。

まず、廿日市市の監査委員会がこの請求を退けた理由を簡潔に見てみよう。

旧緑資源機構に受益地と認定された西山林業組合は林業を営む営利団体である。そこに大規模林道が開設されることによって、一定の利益を得るという理由から受益者である西山林業組合は利益に見合う賦課金を支払うことになっている。ところが、林道事業を円滑に進めるためにという理由で廿日市市は西山林業組合に対して賦課金と同額の助成金を補助金として支出しているのである。

仮にこの林業組合が通常の経済活動以外に多くの公益的役割を果たしていて、そこに受益者負担金が課せられているというのなら話は別だ。当然、公益分を補助金として支出することには問題がない。

監査委員会はこの点に全く触れていない。確かに大規模林道の公益性については苦しいながらも言い訳じみた論を展開してはいる。しかし大規模林道が公益性を持つことは大前提で、地方（県や地元自治体）に負担金が課せられているのはそのためである。問題は大規模林道そのものの公益性ではなく、当該林業組合が受益者として行う事業活動に公益性が認められるかどうかである。もしあれば、行政が助成金を支出することに問題はない。しかしそうでなければ、私企業に利益与える財産的給付で違法な支出となる。

監査は次のような理由を付して棄却された。理由の主要部分を紹介する。

・旧吉和村での大規模林道事業への取り組みについて

旧吉和村議会においては、平成二年十二月十八日法第二一四条の規定に基づく賦課金に対する助成金についての予算（「債務負担行為」）が議決され、同日、旧吉和村と組合は、賦課金に関する協定書を締結した。

また、林道開設による分担金の取り扱いについて、当時の吉和村林道整備事業分担金徴収条例の規定により、林道開設による受益が広範囲であり、公共幹線道路等として認められる場合などは、分担金を減免しており、大規模林道事業においても必要性や整備効果を考慮して、公線道路等と同様に取り扱うことが適当であるとして、吉和村補助金等交付規則に基づき、平成八年度から組合に補助金を交付している。

・廿日市市での大規模林道事業の取り組みについて（要旨）

平成十五年三月一日廿日市市は、佐伯町、吉和村と合併したが、合併に向けて設置された、廿日市市・佐伯町・吉和村合併協議会（以下「合併協議会」という。）において、大観機林道賦課金に係る補助については現行どおりとすることが決定され、廿日市市がこれを継承することになった。

合併後、本件林道の建設に反対する廿日市市民から、林道建設の是非を問うための住民投票条例の制定を求める直接請求がなされ、（中略）審議の結果、平成十八年八月十八日廿日市市議会（第一回臨時会）において本条例案は否決された。

組合の賦課金に対する助成金については、平成十五年二月十七日廿日市市議会第一回臨時会において予算（「債務負担行為」）の議決がされ、同年三月一日廿日市市において吉和地域の森林資源の開発、林業及び林業以外の産業の振興を図るため、大規模林道賦課金助成事業補助金交付要綱（平成六年八月十九日「緑資源幹線林道賦課金助成事業補助金交付要綱」に改正）が制定され、旧吉和村に引き続き、補助金の交付を行なっている。

また、本件補助金に係る平成十九年度の歳出予算は、平成十九年三月二十三日廿日市市議会（第一回定例会）で議決され、同年九月五日に同要綱に基づき、組合から「平成十九年度緑資源幹線林道推進事業補助金交付申請書」が提出され、同日二一一万九四五八円の補助金交付の決定がされ同月十九日繰合に同額が支払われている。

なお、大規模林道の賦課金にいては、大規模林道関係自治体においても、同様に受益者組合に全額補助している。（以上、監査請求棄却理由から要旨抜粋）

要するに、「受益者賦課金の公的助成は、議会の承認を得ている」し、「どこの自治体でもやっている」

ことを理由に棄却したということに他ならない。

この住民監査請求（住民訴訟を提起するために必要な措置）の棄却を受け、筆者らは廿日市市を被告として二〇〇八年十二月二日に広島地裁に提訴した。おもな目的は二つあった。大規模林道事業の中止と受益者賦課金助成の違法性の認定にある。この訴訟の争点はもちろん後者、受益者賦課金の公的助成は違法か否かにある。しかしながら裁判当初から被告である廿日市市側はこの訴訟の争点が何処にあるのかよく理解できていなかったようだ。それは「公益性」を巡る議論にはっきりと現れていた。被告の主張は主に、大規模林道の公益性に終始していた。

幾度でも繰り返すが、大規模林道の持つ公益性が問題なのではない。仮にあるとすれば、大規模林道の受益は広く県民全体に及ぶ。それがために、国の主体事業である大規模林道ではあっても、地元自治体（広島県）に負担金を課しているのだ。この公益性を捉えて、当該補助金の正当性を主張することは、その部分が県税（負担金）で担保されている以上、合理的とはいえない。受益者賦課金はそもそも受益者の私益に賦課される性質のものである。それを税金で補助する以上、合理的で正当な理由がなければならない。裁判所もそうした印象を持っていたようで、「被告においては、補助金を交付した理由及び交付されるようになった経緯等について、具体的に主張立証されたい。また、それを踏まえて、原告の主張に対する反論をされたい」といった内容の求釈明が被告に対してなされている。

この求釈明に対し被告は、繰り返し大規模林道の公益性を縷々述べたうえで、西山林業組合の経営が苦しいこと、他の自治体も助成していること、同規模の他林道では賦課金を課していないなどを理由として述べるだけで、裁判所の疑問に正面から答えていなかった。

そもそも西山林業は計画当初から受益者賦課金の支払いを承諾していた。これは賦課金の算定基準となる木材生産便益を承認し受け入れたことを示す。しかしその一方で、実際には利益はなく、経営が成り立たなくなるから助成が必要というのは明らかに矛盾である。木材生産便益が見込めないのであれば、補助金申請に先立って当時の吉和村は西山林業に対して、不要な林道事業を拒否するか不服申し立てするよう指導すべきであった。ここに重大な過失があったのである。少なくとも合併に際して廿日市市がこの点を吟味して補助金事業継承の是非を判断すべき立場にあったし、その後も補助金支出の是非を吟味する義務があったはずである。それもせず、毎年漫然と申請のままに補助金を支出していたことは明らかに過失である。何よりも不思議なのは、仮に現時点で受益者賦課金の支払いが困難な状況であったとしても、いずれは収益が上がることになっていたのであるから、なぜ融資ではなく、補助でなければならないのか？経営が苦しいのであればなぜ他の補助事業ではいけないのか？　その点が全く明らかにされていないのである。ここで見えてくるのは、この補助金制度が公共事業誘致のための方便に過ぎないのではないかという疑問である。事業認可に先だってあらかじめ地元自治体から林野庁長官宛てに賦課金の補塡を保証する確約書が出されているという事実がそれを裏付けている。まさにムダな公共事業の推進エンジンだったわけである。

六　形式敗訴・実質勝訴の判決——受益者賦課金への補助金支出は違法

提訴から二年四カ月後の二〇一二年三月二十一日細見谷渓畔林訴訟（公金違法支出損害金返還請求事件）

の判決が言い渡された。判決は以下の通り。少し長いが判決理由の主要部分を引用しておく、今後の戦いに大いに参考になるに違いない。

主文

一　第二事件に係る訴えのうち、被告に対して、松田秀樹及び山田義憲に二一一四万七六三九円及びこれに対する平成二十年九月十九日から支払済みまで年五分の割合による金員の賠償の命令をすることを求める部分をいずれも却下する。

二　第二事件原告らのその余の請求及び第一事件原告らの請求をいずれも棄却する。（以下略）

この主文だけ読むと原告敗訴で残念でした。ということになる、この訴訟の目的は損害金の返還請求ではなく、「受益者賦課金の公金（補助金）支出の違法性を明らかにする」にあったのだが、住民訴訟としては「公金違法支出損害金返還請求」という形を取らざるを得ない。よって、この判決の主文にはそれほど大きな意味はなく、受益者賦課金に対する補助金支出が違法であるとの認定が最も重要な司法判断なのである。

そのことに関して裁判長は判決理由の中で、受益者賦課金に対する公金支出について違法であることを明確に述べている。したがって、この住民訴訟は形式的には敗訴ではあるが、実質では原告の主張をほぼ全面的に認め、勝訴となった。その結果、形式的には勝った被告に公訴権はなく、負けた原告は控訴をしないことで判決は確定することになった。とりあえず、以下に判決理由（一部抜粋）を示す。

事実および理由

（前略）

イ　本件補助金は、地方公共団体である廿日市市が、何らの対価的給付を得ることなく、西山林業組合に受益者賦課金相当額の金銭の交付をするというものであるから、寄附又は補助（地方自治法二三二条の二）にあたり、この交付には公益上の必要性を要するから、この点につき、以下検討する。

（ア）本件補助金は、大規模林道事業の円滑な推進を図るため、西山林業組合が負担する大規模林道事業についての受益者賦課金に対して交付されたものである（前記前提事実、甲一、乙八、弁論の全趣旨）。この点、上記認定の既設林道の整備の必要性、大規模林道事業による経済効果、廿日市市議会での議論状況等を考慮すると、大規模林道事業自体の公益性は否定しがたいところである。

もっとも、本件補助金は、大規模林道事業の実施主体に対する補助金ではなく、受益者賦課金の負担者である西山林業組合に対するものであるから、大規模林道事業自体に公益性があることをもって、ただちに西山林業組合に対する本件補助金の交付に公益上の必要性があるといえるものではない。

（イ）この点、被告は、西山林業組合は森林が持つ公益的機能の維持、増進に努めてきた団体であり、その破たんを防ぎ、山林を適切に管理させるために、西山林業組合に本件補助金を交付することには公益上の必要性がある旨主張する。

(a)　しかし、本件要綱（甲一、乙八）において、本件補助金の目的は、大規模林道事業の円滑な推進を図るためと規定されていること、廿日市市議会における議論をみても、上記認定のとおり、受益者賦課金を廿日市市が負担することについて、西山林業組合の事業内容やその公共性が話題に上ったことはなかったこと、純粋に西山林業組合の経営補助を目的とするものであれば、本件補助金の金額が受益者賦課金と同額である必要はないことからすれば、本件補助金の交付にあたり、被告の主張するような公益上の必要性についての判断がなされたとは認められない。

(b) 仮に、本件補助金が上記の趣旨、目的を含むものであったとしても、上記認定のとおり、西山林業組合は、組合員の利益増進をはかることを目的としており、その経営地域内から生じる収益は組合の収益とされ、生産した林産物は組合員の共有とされる営利目的団体である。西山林業組合の経営活動が森林の機能保全につながるとしても、それは林業経営に伴う反射的な効果にすぎない。「緑の循環」認証会議の森林認証も、西山林業組合が、林業経営をする上で行っている森林の管理が適切であることを認証しているものと解され（乙四三）、西山林業組合が、林業経営により利益を上げることをその主要な目的としていることに変わりはない。また、西山林業組合でなければ森林の適切な管理ができないというものでもない。そうすると、一営利団体である西山林業組合に対し、林道完成による受益に加えて、受益者賦課金の支払いを全額免れさせることとなるような本件補助金を交付することに、公益上の必要性があるとは認められない。

(c) 受益者賦課金が課されると西山林業組合は破たんするという点についても、上記認定の西山林業組合の収支状況からすると、平成十九年度については支出よりも収入金額の方が大きいし、前年度からの繰越金を合わせれば、平成二十年度についても受益者賦課金を支払うことにより、直ちに破たんしてしまうような状況にあったということはできない。さらに、どの程度の受益者賦課金であれば具体的な破たんの危険が生じるのか、そのためにどの程度の補助金が必要かといった検討がなされた形跡は全く窺えない。したがって、平成十九年度及び平成二十年度の受益者賦課金に相当する全額を本件補助金として交付することに、公益上の必要性があるとは認められない。

（ウ）また、被告は、大規模林道事業は西山林業組合だけの利益になるものではなく、廿日市市全体の利益になるものであって、受益者賦課金は厳密に西山林業組合が得る利益に対応するものではない上、受益者賦課金の支払が滞ることになれば、大規模林道事業の円滑な推進が妨げられるため、西山林業組合に本件補助金を交付することには公益上の必要性がある旨主張する。

しかし、受益者賦課金の金額や受益者の認定に不服があるのであれば、異議申立をすることが可能である（乙三・二一条三項）のに、西山林業組合は異議申立をしなかったのであるから、西山林業組合は、受益者賦課金を支払う義務があることを甘受したものということができる。仮に、実際に得られる受益に受益者賦課金額が対応していないとしても、西山林業組合が負担すべき受益者賦課金を全額、将来にわたって免れさせるような本件補助金の交付に合理性は認められない。

さらに、仮に西山林業組合による受益者賦課金の支払が滞ったとしても、証拠（甲三三、乙三・一九条、二一条）及び弁論の全趣旨によれば、受益者賦課金の支払がなされなかった場合には、市町村による強制徴収が予定されていること、林道事業の実施計画を変更することも可能であること、受益者賦課金の徴収ができないことをもって林道工事を中断・中止するような規定はないことが認められる。このような事実からすると、そもそも受益者賦課金の支払が滞ったからといって、ただちに大規模林道事業に影響があるものとはいえない。また、上記認定の西山林業組合の収支状況からすれば、少なくとも平成十九年及び平成二十年分の受益者賦課金については、強制徴収により回収が可能であったと解され、結局、西山林業組合が、受益者賦課金を支払わないことにより、事業の円滑な進行が妨げられるとは考えがたいところである。受益者賦課金の全額について補助金の交付が必要になるとすれば、受益者賦課金が強制徴収によっても回収できず、事業の実施計画の変更を余儀なくされ、あるいは事業の中断を余儀なくされるような局面においてであると解されるが、本件当時にそのような状況にあったとは認められないし、そのような検討が廿日市市においてなされた形跡もない。

このように、西山林業組合による受益者賦課金の支払が滞り、大規模林道事業の円滑な推進が妨げられるという事態は極めて抽象的な可能性にとどまるというべきところ、予め西山林業組合に受益者賦課金全額に相当する本件補助金を交付することに公益上の必要性があるとは認められない。

(エ) さらに、被告は、本件補助金が廿日市市の財政に占める割合や、本件補助金の交付に関する議会での議論の状況を捉えて、本件補助金の交付には公益上の必要性が認められると主張する。

しかし、本件補助金の市政に占める割合如何によって、公益上の必要性が左右されるものではないし、議会での議論の状況を見ても、大規模林道事業自体の公益性に関する議論がなされているにとどまり、各年度毎の受益者賦課金全額を廿日市市が負担すべき合理的理由について議論がなされていたとは認められない。

被告は、他の林道事業との均衡とか、他の自治体の扱い等も主張するが、他の林道事業や自治体の扱いは、それぞれの個別事情に基づくものであって、当然に本件にも影響するものではない。

（オ）ほかに、平成十九年度及び平成二十年度の本件補助金の交付に公益上の必要性があると認めるに足る証拠はなく、本件補助金の交付は公益上の必要性を欠く違法なものというほかない。（以下略）

こうした判決を受けて、廿日市市は全員協議会の場で一連の訴訟に関する報告があったという。ところがその報告は、原告敗訴の主文だけだったという。一部の議員からは、新聞やテレビのニュースとの内容の違いに異論が出たと言うが、議長権限で「主文」のみの報告になったのだという。これで納得してしまう議会というのも救いようがないと思うのだが、これが現実である。

しかしこれだけ明確に、「補助金の支出には何ら公益性は認められない」と指摘されてチェック機関として機能を果たせなかった議会、税金を受け取りながら漫然と違法支出を繰り返し、なお反省もしないような議会では、地方主権など夢のまた夢である。廿日市市議会がいかにこのことを小さく見せようとしても、この判決の持つ意味は非常に大きい。なぜなら今後、同様な受益者賦課金にたいする補助金の支出には違法性という疑惑をぬぐうだけの確たる公益性を証明しなければならないという箍《たが》がはめられたことを意味しているからである。これだけ明確に受益者賦課金に対する補助金支出が違法であることを認めた判例は、一地方裁判所の判決とは言え、全国の補助金行政に大きな影響を与えるに違いない。

七　大規模林道問題は終わっていない——受益者賦課金の返還運動へ

この判決がでる前に、冒頭で記したとおり、広島県は山のみち地域づくり交付金事業の中止を決めた。

このことによって二〇〇七年度までの事業経費が精算されることになった。さらにこの判決で示された、受益者賦課金の公的助成が違法であるため、廿日市市は西山林業組合に対して、過去に支払われた助成金全額の返還を求めざるを得なくなった。実際には緑資源幹線林道事業の清算で、受益者賦課金は還付利息を含めて三二〇〇万円ほどが西山林業組合に返還され、それが全額廿日市市へ納付（助成金の元金の返還と返還された利息分は寄付の合計）された。

この大規模林道事業とその後継事業である山のみち地域づくり交付金事業は終了したかに見えるが、決してそうではない。なぜなら、受益者賦課金の支払いは工事完了後も数十年に渡って続いている可能性がある。全国各地で広島での裁判結果に鑑みて、受益者賦課金の公的助成があれば、その違法性を根拠に返還問題を提起することは実に重要なことである。廿日市市では三〇〇〇万円ほどの無駄遣いを返金させ、かつ事業中止による数十億円の税金の無駄遣いをとめたことになる。こうしてみると、たんに受益者賦課金の返還運動は予想以上の効果を持つことがわかる。なぜなら、公共事業の推進エンジン役として利用されてきた、受益者賦課金の公的助成が違法となれば、ムダな公共事業の推進理由となってきた「地元要請」は雲散霧消するからだ。今からでも遅くはない、事業終結で問題が終結したわけでないことを肝に銘じ、ムダな公共事業の息の根を止める運動を続けてほしい。

四国の「大規模林道という幽霊」

西原博之（愛媛自然誌研究会）

大規模林道との出会い

恥ずかしくも情けない話だが、最初に大規模林道のトピックに接したのは、勤務する新聞社の同僚からの相談であった。一九九六年のこと。「（愛媛県西予市）城川町から（四国カルスト県立自然公園の）大野ヶ原に、『大規模林道』という道路が完成した。記念式典の取材依頼が来ているのだが、どういう評価してどういう記事にすればいい林道なのか」。ざっと、こういう内容だったと記憶している。

大規模林道という存在そのものを知らなかった当時の私には、全く何の知識も問題意識もなかった。それまで、森や川、海、環境保全についての企画を連載し、ことに森の利用や保全について社内では第一人者であると自負もしていた。だからこそ、その同僚も相談を持ちかけてきたのだろうし、林業振興と林道を単純に結びつけたのも無理はない。

結局「林道が整備されていなければ、人工林は手入れも管理もできない。林道であるからには、しっかりと今後も整備するよう記事にすれば」と回答。後で思えば取り返しの付かないアドバイスをしてしまったのだ。もちろん、彼がその通り取材し、その通り記事にしたことは言うまでもない。後々、私が「大規模林道」に対する「原罪」を背負う第一歩になるとも知らずに。

皮肉なことに、まもなく私は、まさにその大規模林道が完成した地域の支局に赴任した。運命のいたずらとしかいいようがない。完成した大規模林道を走って、ブナの原生林が残る大野ヶ原や、高知県にまたがる天狗高原に行く機会に恵まれた。驚愕的な道路であった。これが林道なのか。幅七メートルの完全二車線道路。尾根線を貫き、森を裂き、まっしぐらに走っている。

ただし、違和感の連続だ。どこの人工林でも間伐や伐採作業は見られず、運搬用のトラックなど一台も走っていないではないか。目的地には「快適」に到着したが、得体のしれない不安が腹の底から突き上げてくるような気分になり、せっかくの楽しみにしていた昆虫たちとの逢瀬も心から楽しめなかった。直感したのだ。この林道はあらゆる意味で、極めて危険な代物である、と。

この林道こそが、全国の大規模林道の中で真っ先に全線開通となった、「四国西南地域大規模林道東津野・城川線」である。総延長四一・九キロメートル、対象山林は七七〇〇ヘクタールに上り、木材蓄積量は四八万五〇〇〇立方メートルと試算されていた。むろん構想倒れであったことは言うまでもない。基幹林道を補佐する網の目のような支線、つまり作業道がまったく整備されていないからだ。この体験も、後々の企画で読者や市民に訴える大きな原動力になったのである。

この道路に関しては、完成後二十年近くになるいまに至っても、作業道はほとんど取り付けられていない。それどころか大雨でたびたび崩落し、通行止めになることもしばしば。移管された自治体の負担は増えるばかり。「使えない」「造りっぱなし」の能なし道路の典型として無残な姿をさらしているのだ。

後に、四国で大規模林道への反対スローガンを展開していく上で、何度も「キーロード」として取り上げることになる、その意味で「記念すべき」林道だ。

その後、私が大規模林道の反対運動に深く関わるようになったのは、やはり新聞紙面での連載企画のための取材を通じてであった。二〇〇〇年に「負の遺産」という企画を、同僚らと取材、執筆。その「第一部」として、大規模林道を取り上げることになった。ダムや高速道路、護岸工事や埋め立て、堤防などの巨大公共工事を取り上げ、人類が子孫に残す「負の遺産」として見直しが必要ではないか、と意識変革を迫るのが趣旨であった。

第一部の大規模林道は、大型公共工事の中でも歴史的背景や費用対効果などの面で分析が難しい事情を備えていた。ただ、大規模林道の問題を知れば知るほど、調べれば調べるほど、疑念と怒りは募るばかりだ。私たち取材班の意欲を異様にかき立てる、願ってもない素材が大規模林道であった。ダムや護岸工事にも劣らない、負の遺産の大物ではないか。あらゆる資料を集め始めた。

四国では愛媛・高知両県の森林を対象に「四国西南山地大規模林道」の名称で、愛媛県の南西部と、高知県の西部にわたって建設されてきた。

一九七二年四月二日の愛媛新聞には「主動脈の三林道新設　四国西南山地の林業圏開発計画　造林や施行団地　県側分　宇和島、大洲、久万に　愛媛・高知決める」との見出しで、大規模林道の着工決定を報じている。

それによると、基本計画は高知と愛媛両県が設立した「対策協議会」が立案した。愛媛側から要望のあった特殊林産物生産計画と竹林の振興などを追加して原案を固め、林野庁に報告するとなっている。

問題なのは、林野庁がそもそも林道計画を主体に公団の永続そのものを目的とした事業計画を主導していることをカムフラージュするために、地方からの要望を「受ける」という形で事業を進めていることだ。金をばらまき、地方振興の名のもとで地域になじまない事業を強行する。まさに大規模公共工事の典型ともいえる構図を持っていた。

記事によるとその基本計画の内容は(一九七二年)次のようになる。

「低質広葉樹林帯の高度利用を図る」として開催された基本計画では、林業生産、森林関連産業整備、森林の公的機能整備、開発基地整備、林道網整備、の五項目が骨子となっている。

計画では、林業生産計画として「低質広葉樹林地の人工林転換によって、現在の人口林率は七〇%にも達し、蓄積量も三三六一万立方メートルになる」など、華々しい数字がならぶ。その結果、生産実績、資源内容、木炭、しいたけの需要動向などを考慮して現在価格で試算すると、事業費一三四二億円に対し、生産額は五二〇五億円に達するとしている。造林に加えて、「高度な機械化や若手労働者の育成、森林組合を中心とした労働力の再編成、若年者を対象とした娯楽、医療、社会保障制度、施設の充実を図る」としている。他にも木材団地の整備などによる木材産業の整備、森林組合の広域合併、組織の近代化、水資源確保のための水源涵養林、土砂流出防備保安林の指定など、森林整備についてのあらゆる施策が盛り込まれているのだ。

さらに続く。過疎地振興として通勤可能な開発基地を設け、労務者送迎用のマイクロバスや移動検診車を配置するほか、休養、娯楽、技能研修センターなどの施設を設ける、とうたいあげている。

計画だけ見れば、まさに地域活性化の見本市のような内容がずらりと並んでいる。しかしその後の惨状は紹介するまでもなく、この事業は、大規模林道を無責任に造っては地元自治体に維持管理を丸投げし、他の振興策は一切顧みない事業であった。つまり、林道建設を強行するために、地元に餌をちらつかせるというあまりに卑劣な国の手法であろう。

ちなみに、チップ工場や娯楽・医療施設など、完成した例は何一つないのだ。

さらに資料をめくると、一九七二年八月には「四国西南山地大規模林業圏開発促進県大会」が開かれ、森林組合関係者らが集い、気勢を上げている。そこではもう、この事業なくして林業の未来はない、とでも表現するしかない雰囲気につつまれていたようだ。「澄んだ空気、きれいな水、緑の空間」といった自然保存や社会的経済価値も高まるとされている。

来賓として、愛媛選出の国会議員や林野庁の地方指導部長、県関係者らが名を連ねている。この指導部長は「山村の過疎、都市の過密をうまく結ぶための林業開発、社会資本の充実が必要で、大規模林道圏開発は新全総のトップバッターとして四国西南山地など三地域の四八年度着工を目指している」と胸を張ったという。

歓迎一色

着工決定後の愛媛新聞をひもといてみる。やはり当時の愛媛県の住民、自治体の認識自体が「歓迎一色」だったことがわかる。

例えば一九七四年一月三日、つまり正月の特集号では二ページを割いた見開き紙面で「四国西南山地大規模林業圏開発事業」として紹介。「林業発展の動脈に」「六五年度完成目指す」「多いムダ省ける」「森林開発ハイウエー着工へ」と夢のような見出しを付け、地元が歓迎し期待しているかのように紹介している。計画の促進を促す特集だ。

その中で「きれいに造林されたスギ、ヒノキ」を価値のある森と持ち上げ、今では多様性の象徴である雑木林を「荒れ地」と切り捨てている。繰り返しになるが、ほんの三十〜四十年前には、多くの市民の間にそういう考え方も多かったのであろう。

ちなみに、当時の松山営林署長のコメントが入っている。「国の広大な資金を投入し、せまい日本の国土を有効に利用し、あわせて地域住民の発展をはかろうというのが、大規模林道圏構想である」と言い切っている。

これを読めば、読者は「日本の救世主」のごとき事業であると受け止めても仕方があるまい。過去も現在も、マスコミの報道することをしっかりとチェックしなければならないという教訓でもある。

マスコミに加え、同じくらいに罪深いのが、政治である。いつの時代も、政治はわたしたち市民の民意を汲み上げ、ただしく政策化する義務があるのだが、多くの場合、正反対の結果をたびたび招く不思議な装置でもある。大規模林道に関しては、まさに「負の政治」の典型的な罪であろう。

一九七六年には、当時の社会党までが「促進」するための政治活動を進めていたのだ。党の「四国西南山地大規模林道特別調査団」の団長には、社会党の代議士が就任。愛媛県庁の農林水産部を訪れ、工事の促進と地元負担の軽減などを申し入れている。工事はすでに始まっているものの、遅々として進まない現

四国西南山地大規模林道日吉・松野線くわ入れ。県民の「期待」を受け、次々と着工された（1973年、愛媛新聞）。

状に、しびれを切らしての陳情であった。ちなみに、高知県の同党関係者とともに愛媛県を訪れた団長らは具体的に、工事の促進や国庫補助の増額、受益負担金の再検討、用地買収の是正、立木の補償基準の改定、自然景観の保全――などを申し入れている。最後の「自然景観の保全」が何ともこっけいであるが、これが当時の実情であろう。

これに対し、県は「経済情勢の変化などで予算がつかず工事は遅れがちだ。しかし、同工事は県の重要施策となっており、国に積極的に働きかけてゆく」と回答している。

公共事業の誘致は地方をよみがえらせ、雇用を生み、繁栄をもたらすと信じられてきた時代に、野党であれ社会党を責めるのは酷ではあろう。ただ、結果として巨費をドブに捨て、自然を破壊した責任があることを、あらためて指摘しておきたい。

こうした背景から、本来は典型的な国による公共事業の持つ反社会性を備えながら、実態を見抜けなかった当時のマスコミ、政治、行政、市民、つまり社会は、「林道」という美名のもと、この事業を受け入れてゆく。もっとも、多くの人がその名すら知らない深く潜行した事業であったともいえる。

資料を収集している間にも、四国の大規模林道は急激なピッチで整備が進んでいたが、いよいよ四国での大規模林道に対する取材開始である。

二〇〇〇年の五月、高知市内の緑資源公団高知地方建設部の林道課長ら一行や、森林生物の研究と保護に当たっている地元の山本森林生物研究所の山本栄治代表らとともに、筆者も四国カルスト県立自然公園にある上浮穴郡小田町（現在は喜多郡内子町）の小田深山、大規模林道「小田・池川線」の工事現場に入った。職員らがコースの選定や工事方法などについて、山本氏らから意見を聞くための視察であった。小田深山の生態系の調査を続ける山本氏が「このあたりは貴重な種ばかり。林道建設で壊滅的な被害を受ける」と説明していた。その時、クマタカが出現したのである。公団の職員らに見せつけるように、雄大に上空を旋回し、悠々と去っていった。職員たちは困惑した表情になり、。山本氏が「もう、やめるしかないね」と一言。さっそく、数日後の愛媛新聞トップにこの「特ダネ」が掲載された。

大規模林道延命の理由付け

時代が成熟し、環境保全が最優先とされる二一世紀を迎えてもなお、大規模林道はしつこく生き残っていた。「大規模林道は使えない」「林業振興に何の役にも立たない」「それどころか森林破壊の典型だ」「公費

現地視察で生息が確認されたクマタカ（上浮穴郡小田町の小田深山で。2000年5月12日午前11時過ぎ）

の無駄使い」。全国でこうした批判や指摘が相次いでいたとき。存続のために緑資源公団がひねり出した数々の「理由」は、失笑さえ買う政策の羅列だ。

例えば「観光道路」としての活用。公団側としては、林業振興だけではもはや「大規模林道」の存在価値を説明できないという窮地に陥っていたのだ。そこで急遽、出してきたのが「観光道路としての生き残り」だ。

こんな話が現実にある。

二〇〇二年、前述したように全国唯一の開通区間である東津野・城川線で通行車両数を調査したのである。高知県東津野村のA地点と、県境付近のB地点の二カ所で、日曜日である十月二十七日と、火曜日の二十九日の午前七時から午後七時まで実施した。同年度に公団が行っていた周辺の林道や森林の整備状況などとともに、この結果は諮問機関である

「大規模林道事業期中評価委員会」に報告された。

それによると、A地点が休日は一〇六八台、平日三九四台。B地点が休日二六九台、平日に二一七台。平均すると、この路線では休日で六六九台、平日でも三五〇台の車両が通行しているという。つまりA地点では休日時には、二分間に平均三台が通過したことになる。公団側はこれをもって、大規模林道の利用率は非常に高く、観光にも寄与しているとのデータを得たとした。

しかし先に述べたように、私はこの林道を、支局時代の四年間を中心に、それこそ年間数十回は「利用」してきた。誓って言うが、一回の走行につき、出合う車両は多くて数台。ほとんどは対向車両に出合うことなく目的地に達することができたのだ。

「こんなデータが出るはずがない」。わたしは同僚とともに、調査に乗り出した。苦もなく、その原因を突き止めることができた。何と公団側は、当時、愛媛と高知の両県で開かれていた「よさこい高知国体」秋期大会の期間中にターゲットを絞り、調査を行ったのだ。当然、沿線自治体には選手団や応援団、関係者が大挙してつどい、普段は閑散としている過疎の町も大賑わい。種目はソフトボールの少年女子やアーチェリーなどが開催されていた。選手団や関係者は宿泊地である四国カルストの「国民宿舎天狗荘」や「姫鶴荘」に定員を上回る人数で泊まり込み、そこから競技場までを「大規模林道」を利用して往復していたことが判明した。なんという、稚拙でわかりやすい調査であったことか。

当時、林野庁の森林整備部整備課は「初めて聞いた」とし、緑資源公団林道企画課は「意図的に設定したわけではない。国体開催中であったことは知っていたが、調査結果に影響はないと判断した」と釈明している。しかしこれは、大規模林道の事業効果を把握する「完了後の評価」で、「いかに観光に資しているか」を数値で示し、山岳観光の振興に大規模林道が大きく寄与しているかをでっちあげるものと言われても仕方があるまい。

この事件は、四国の問題にとどまらなかった。翌年三月の参議院農林水産委員会で、当時みどりの会の中村敦夫氏が、「ずさんな調査だ」と指摘し、「大規模林道は林業振興が目的であり、利用目的の調査が一番大事で不可欠」と第三者による再調査を求めた。答弁した当時の加藤鉄夫林野庁長官は「（利用目的を調べるには）一台ごとに車を止めねばならず、調査しづらい」と述べ、結局は再調査を明言しなかった。

その後の評価委員会の席上、この結果について公団側は「宿泊していた団体関係者はマイクロバスを利用したことから、調査結果への影響は少なかった」と報告している。

地元は支持しているのか

大規模林道に関係する自治体や森林組合の組合長らに、大規模林道について聞いた。その結果は、予想以上に公団側にとって厳しい結果だった。四国の大規模林道につぎ込まれる税金は、最終的には一八〇〇億円にも上る見込みだ。それを踏まえ「大規模林道を整備するのと同等の補助金があるなら、この道を造り続けるか」と問いかけた。例外なく帰ってきた回答が「つくりません」「ほかの事業に使います」。

ただ、過疎化と財政難に悩む地方自治体にとっては、「いただけるものはいただきたい」という構図はどこにでもみられる。

四万十川の支流源流域にあたる北宇和郡日吉村（現鬼北町）は二〇〇〇年当時、林野面積が九割を超えていた。うち人工林率が七割近い林業の村だ。戦後の拡大造林で大量に植林したスギやヒノキが、伐採期を迎えていた。しかし後継者不足に高齢化で手入れも進まず、伐採どころではない。

当時の村長は「効率よく伐採しても、木材市場まで運ぶのに一立方メートルあたり一万二〇〇〇円の経費がかかる。ところが、四十年生のスギの価格は一万三〇〇〇円から五〇〇〇円」。この状況では、実際には伐採しても必要経費すら出ない。こうした背景から、地元での大規模林道に対する期待は大きかった。計画策定当時に林野庁が描いた夢のような計画を、過疎の村では信じるしかなかったのだ。

自治体は一様に歓迎した。関係市町村の幹部の話。「枝打ちや間伐が容易になり、荒廃した山を保全できる」「木材価格の低下に対応するには、伐採や運搬のコスト削減しかない。大規模林道は大型のトラックや機械を導入できる」。こうした歓迎一色の地元自治体の声が、宇和島市や周辺八町村で組織する協議会などを通じて集約され、林野庁などに陳情される、というのが当時の構図だ。

林野庁や緑資源公団が事業を推進するに当たって、これが大きな後ろ盾になってきたのは間違いない。つまり、いくら自然保護団体やネットワークが「不要論」を展開しても、事業主体からすれば「地元からの強い要望があるからこその事業」と言い張れるわけだ。

では実際に、大規模林道はこうした地元自治体の期待に応えられるような効果を上げているのか。その検証こそが必要だ。

先に述べたように、国体の開催期間に通行量を調査するといったお粗末な事件に代表されるように、効果どころか環境を破壊した揚げ句、まったく使い物にならない道路としていま「負の遺産」の代表になっている。例を挙げる。「国体調査」の舞台となった「東津野・城川線」の効果は、では実際どれだけあったのか。地元の自治体や森林組合に聞いた。しかし、どうにも歯切れが悪いのだ。

東宇和森林組合長の話。「大型機械の導入で搬出には便利なんじゃないですか。利用率？　いいや、そこまでは調べていません」。東宇和郡野村町（現西予市野村町）の町幹部の話。「林道は網の目のように谷を縫ってこそ機能する。大規模林道は頂上線。これほどの延長なら、あちこちで伐採運搬作業を見かけないとおかしい」。つまり、見かけない。

東宇和郡城川町（現西予市城川町）のある幹部は「先見性のある事業だと期待している」と歓迎はする。ただ、管理を任されていることに触れ「各町が入り交じっており、対応に苦慮する場合がある。早急に県道、国道へ昇格させてほしい」とまで言い切った。

この「入り交じって」の意味は、つまり大規模林道はさまざまな自治体にまたがっており、例えば「東津野・城川線」は六つもの自治体をまたぐ。その担当ごとに草を刈り、法面を補修し、荒れた路面を修復する。さらに関係者の懸念は、車の往来で交通事故が発生した際に、どこの警察や消防が出動するのか、といったケースにまで及んだ。当然であろう。

いたるところで伐採作業が行なわれ、積み込み作業が頻繁で、運搬用のトラックが走り回る。そこに、観光で訪れた一般住民の車がスピードを出して走り抜ける。そんな想定である。

しかし、まったくの取り越し苦労に終わった。車など、走らなかったのだ。伐採作業を見かけるのも、まれ。閑散とした路面には、体温を上昇させるためにひなたぼっこをしているアオダイショウをよく見かけるくらいだ。二〇一四年九月現在、この道は土砂崩れによって通行止めになっている。補修のめどもたっていない。それでも、誰も困らない。自治体には、管理・補修という負担だけが残った。

これが、全国唯一の完成路線の現実だ。

林業のない村に大規模林道が

さらに驚くのは、「林業のない村」に大規模林道が建設されていたのである。

最も大規模林道の性格を示しているのは、「林業のない町」での建設だ。愛媛では「南予」と称される南西部に、真珠の養殖が盛んな南宇和郡内海村（現愛南町）という自治体がある。宇和海に面したあちこちの湾では真珠いかだが浮かび、行き交う船が温暖な村の象徴となっている。九割の村民が、何らかの形で海の恩恵を受けて暮らしている。もちろん、林業を専業としている村民は一人もいない。平野部はほとんどなく、海からいきなり山がそそり立つような地形だ。それが、この村の養殖業を可能にしている。つまり、山で育まれた重要な栄養素が、ダイレクトに海を豊かにしているのだ。

この村の入り口付近で、大規模林道広見・篠山線小岩道—鳥越区間（延長一〇・二キロ）の工事が始まったのは、一九九六年十一月だ。村のレジャースポットでもある海辺の珠玉のような「須ノ川公園」から山手を望むと、山の中腹は無残にえぐられ、一直線に道路が山へと入っている。

「林業がほとんどない村に、なぜこんな林道が必要なのだ」「豊かな海は、豊かな山に育まれている。海に生きる人間にとって、山の環境破壊は許せない」。真珠養殖業者たちの怒りは収まらない。なぜ、こんな海辺の、小さな村にまで、大規模林道は走るのか。

ここで林野庁の関係者の話を紹介する。「勝手に路線を決めたわけではない」と歯切れは悪い。あえて

宇和海へ突き出すように建設される大規模林道。左下が須ノ川公園（南宇和郡内海村）

一般論で言えば「国・県道に接続することによるネットワーク形成と、地元自治体からの要望」があったからだという。

内海村産業課に聞いた。「村が建設に賛成したのは事実。大規模林道は国道五六号に接続します。村内の幹線道路はこの国道が一本あるだけなので、災害時の迂回路としても使えるのでは」という。つまり、積極的に「林道」としての建設に賛成したわけではないのだ。もはやここに至っては、「林道」という名に値すらしない道路である。

貴重な証言の数々ではないか。自治体が大規模林道の建設に反対しないのは、「もらえるものはもらえ」式の下部自治体意識があるからなのは明白だ。

加えて、その財政構造にも問題がある。大規模林道の事業費は九五％が国・県の補助金でまかなわれ、受益者負担はわずか五％である。その五％も、実質的に市町村が負担するため、森林組合などへの負荷はない。一般の林道の国庫補助率はせいぜい五割なので、大きな持ち出しが要求される。予算面だけで判断すれば、大規模林道のメリットは大きい。地元の建設業者は大歓迎で、地域も雇用が生まれ、経済波及効果は大きい。つまり、典型的な大型公共工事であり、造ってもらえるのなら林道でも橋でも、ダムでも港でもいいわけだ。

「こんな道路をつくるのなら、高速道路の延伸や海にやさしい護岸工事の推進など、やってもらいたいことはいっぱいある。これほど使えない道路はない。せいぜい年一回の、花火大会見物の会場として使えるぐらいだ」。これが、林業のない町の、住民の声である。

必要な環境アセスメント法改正

環境アセスメントについても、大規模林道は貴重な教訓を残した。言うまでもなく、大規模林道の建設予定地はほぼ例外なく、貴重で多様な生態系が残る自然林のど真ん中である。大変にデリケートであり、大規模な道路が貫通してしまうと大型哺乳類は生息地を分断される。かれら生態系の頂点に位置する高次の捕食者の危機は、生物ピラミッドを構成するすべての生き物の危機であり、生態系の崩壊を意味する。

そうならないために、こうした希少野生動植物の調査を行ない、その結果をもとに環境の保全を図るため、一九九七年には「環境影響評価法」（アセスメント法）が成立した。九九年六月から施行された同法に、当初は大きな期待が寄せられた。

しかし、全くの「ザル法」であった。

例えば大規模林道に当てはめれば、最大の欠陥は「既に着工している区間については適用できない」という点だ。四国の山林を貫く大規模林道六路線一四区間は、何とすべてアセスメントの対象外だったのだ。一〇区間は既に着工済みであり、残りの未着工区間は延長や幅員などの条件で基準を満たしていないという。まったくの茶番だった。環境省はいまだに「アセス法は決定の前に意見を聞いて計画に反映させる法律。着手した事業については評価できない」との立場だ。

決定的にこの法律が使えないのは、同省の次のコメントに集約される。「アセスは事業の是非を決める法律ではない。決められた枠の中で、どう必要な措置をとるか」である、と。つまり、評価とは補足意見に過ぎない、という意味である。これでは、膨大な税金を使って調査した意味はないではないか。

例を挙げれば、愛媛県大洲市肱川町の山鳥坂に、現在建設中の「山鳥坂ダム」がある。民主党政権時代の公共事業見直しでいったんは凍結されたものの、自民党政権が復活して再び着工にいたった、いわくつきのダムである。その経緯はさておき、問題はこのダム建設計画をめぐるアセスメントの実効性にある。

二〇〇五年から始まったアセスメントでは数千万円の調査費をつぎ込んで、哺乳類や鳥類、昆虫類から植物に至るまで、県内の専門家を投入して徹底的な調査が行なわれた。結果、クマタカの営巣やオオタカの繁殖、さらにヤイロチョウやミゾゴイといった貴重な鳥類の生息地であることが判明。加えてオオクワガタやアオサナエなど日本では絶滅の危機にある昆虫類なども生息していることが分かった。

この結果を検討するのが「山鳥坂ダム環境検討委員会」である。ここにも、県内の多くの専門家や学者が名を連ねた。その多くが、国土交通省お抱えの御用学者であったことは言うまでもない。「クマタカの営巣活動の時期を外して工事するから影響はない」「希少な植物は他の場所に移植するから影響はない」

などなど。およそ学者としてのプライドや良心を感じられない、アリバイづくりの会議であった。

結局、アセスによってダムを中止にすることはできなかった。制度的に無理なのである。環境省の見解通り、アセスは工事の手法などについては一定のアドバイスができるが、工事自体の可否については何の権限もないのだ。

これでは、調査する意義自体がない。だからこそ法の徹底的な改正と強化が必要である。それをことあるごとに新聞では主張してきた。少しでも環境に影響があるとの評価が出れば、工事そのものを中止勧告できる法律でなければならない。それがまた、走り出したら止まらないと言われてきた、大規模林道整備を含めた国の巨大公共工事に歯止めをかける大きな根拠になるのだ。改正は急を要する。

建設前のアセスと同様、完成後の道路の効果を評価し、事業を継続するかどうか決める「再評価委員会」の欺瞞も見逃せない。

一九九九年にあった愛媛・高知両県にまたがる大規模林道「小田・池川線」を対象とした再評価委員会の内容は、事前に想定した以上の茶番であった。

この路線は前述したように、類を見ない貴重な生態系を有し、四国カルスト県立自然公園内にある小田深山を縦走して伸びる。クマタカやオオタカが営巣する貴重な森を切り裂き、山肌を削って工事が進められていた。

ところが再評価委員会では、判断材料の一つである「自然環境をめぐる状況」の項目では、たった一行「特段の問題は生じていない」とだけ記されていた。生じていない訳はないのだけれど、これが委員会の実態であった。つまり、評価の大前提となる「資料」が恣意的に、あるいは悪意を持ってとしかいいようがないほど欠陥だらけなのだ。

一方で、同じく資料である「森林・林業・林産業の実態」では、対照的に語彙豊か。森林施業の実績、高性能な林業機械の導入、木材加工施設や森林レクリエーションの実施などが細かな数字とともに列記され、さらに、「早期完成を切望する」「一日も早い完成を願う」といった県と関係市町村すべての要望書も添付していた。

再評価以前の問題であることは自明だが、後日談もある。当時、林野庁の公団管理室は、自然環境の調査を地元自治体への電話確認で済ませていて、「限られた時間と情報の中で精一杯のことをしている。すべて現地調査するのは不可能。当時は小田深山に猛禽類がいるとの認識はなかった。状況が変わればその都度、調査して対応している」と開き直った。つまり、林野庁自らが、情報不足と認識の欠如と調査能力の欠陥を認めたのだ。再評価とは要するに、原発のヒアリングなどと同じ、アリバイづくりである。

愛媛で全国集会を開催

こうして、幾多の取材や関係者への聞き取り、調査を通じて、四国の大規模林道問題を幅広くえぐり出すことができた。しかし結果的に、それを住民と共有し、早期にストップさせることはできなかった。ただ、共有という意味では、一つの成果を見いだせる。二〇〇二年十一月十六日と十七日に開催された「第一〇回大規模林道問題全国ネットワークの集い」である。

これまでの取材へのアドバイスや反対運動の手法でお世話になったネットワークの方々を愛媛に招い

て、四国の大規模林道の現状と森の実態を見てもらう絶好の機会である。

一日目は松山市三番町六丁目の「コムズ」で開催され、全国各地から自然保護運動家、県内からは山鳥坂ダムの建設反対運動に関わっている住民団体関係者など、六〇人もの人が参加した。テーマは「愛媛の山、川、海の自然は今」とし、ネットワークと、瀬戸内海沿岸の環境保全運動家で組織する「環瀬戸内海会議」が共催した。次々と発表される活動報告に、現実に進行する環境破壊とそれに伴う私たち市民の生活破壊に、危機感を共有した。

徳島県の細川内ダムの建設に反対した藤田恵元木頭村長や、小田深山の自然を研究しており、先にも紹介した四国の大規模林道反対運動を指導してきた山本栄治・山本森林生物研究所代表らが、開発行為の誤謬性を指摘。四国の現状を理論的に現場から告発した。

山本氏は次のように指摘した。「森林には大きく分けて三種類ある。自然状態を保ち、人間が制御していない自然林。人間が金銭的利益を得るだけのための人工林。そして、森林の生物と人間が同居する里山。これらの機能を認識した上で、森とのつきあい方を学ぶことが大切」「林道については、木材運搬、作業現場への移動を容易にするための道路。ただし、林道は水の流れを変え水害の危険性を高め、保水力をも低下させる。風が通ることで林道周辺は乾燥し、落葉広葉樹は枯れてしまう。小動物は移動を妨げられるなど、生態系を分断して破壊する。大規模林道はもちろんだが、林道の建設は人工林に限るべき」「限られた予算を大規模林道に費やすのはおろか。もっと有効な施策に回す必要がある」。会場からは大きな拍手が起きた。

翌日は、現地視察。参加者は上浮穴郡小田町（現内子町）の小田・池川線と、柳谷村（現久万高原町）の

2002年11月16日、全国各地の自然保護運動家らが松山市に集まった「第10回大規模林道問題全国ネットワークの集い」

工事現場を視察した。現場はいずれも、四国カルスト県立自然公園に位置するクマタカなど希少生物の生息地だ。山形の「葉山の自然を守る会」の原敬一さんが、こう感想を述べた。「近くにはブナの原生林が残り、全国初の中止となった山形の朝日―小国区間の周辺環境と似ている。自然林を切り裂く林道はつくるべきではない」と感想を述べた。

活動報告を、簡単に紹介しておきたい。

▼「大規模林道問題全国ネットワーク」（東京都） 特殊法人改革推進で林野庁は新規工事を凍結し、公団は独立行政法人に変わるが、反対運動の手綱を緩めるわけにはいかない。行政や公団に言い逃れをさせないために各団体の情報を双方向にし、連携を強めたい。

▼「森と水と土を考える会」（広島県） 豊かな自然を多くの人に見てもらう観察会や、ブナの実を拾い苗を育て、森に返す運動をし

ている。昨年（二〇〇一年）の全国集会で各地の運動家と知り合え、運動の幅が広がった。地元の人も知らない大規模林道に対し、「いらない」と言える風土をつくっていきたい。

▼「葉山の自然を守る会」（山形県）　中止決定後も残工事が行なわれ、今年でやっと工事が終わる。今後、既設区間は各市町村に移管されるが、雪解け水や大雨でたびたび崩れている。これを自治体が補修しなければならず、お荷物以外の何者でもない。

▼「早池峰の自然を考える会」（岩手県）　横沢―荒川区間の費用対効果を岩手大教授が分析し、効果を大きく計算しても、費用が効果を一〇〇億円上回った。しかし同じ区間で、林野庁の再評価委員会は効果をプラスとした。山火事防止や二酸化炭素固定などのこじつけの便益を加えている。その根拠を説明するよう求めているが、返事wしてこない。

▼「博士山ブナ林を守る会」（福島県）　イヌワシ生息地に県が建設する広域基幹林道に対し、県知事を相手に住民訴訟を起こした。五月に福島地裁は原告側敗訴の決定。控訴した仙台高裁では、全国初の実態調査に踏み込んだ審理となる予定。この住民訴訟が、全国で林道問題に立ち向かっている運動の手がかりになるようがんばりたい。

大会で県外からのメンバーに「愛媛はなぜこんなに人工林が多いのですか」と質問された。四国の森林面積は二三二万ヘクタールで、林野率は実に七三％に上る。その中で、人口林の占める割合は六二％と、全国一の数値なのである。四国には五・四・三の法則がある。四国は面積が全国の五％、人口が四％、経済力が三％という自虐的な響きを持った数値である。所得はことのほか低い。それだけに戦後の混乱期に、国から拡大造林を進められれば、何としてでも山に入り、自然林を切り、スギ・ヒノキを植えるしかなかったのだ。そんな歴史の結果が、この人工林率なのである。

だからこそ四国では、「林道」自体についての拒否反応は少ないという背景がある。大規模林道がおよそ「林道」の名に値しないと何度指摘しても、多くの人にはその違いがわからない。運動を続けてゆく上で、この認識が常に負の要素としてつきまとってきたことを、書き添えておきたい。

その後、二〇〇八年三月末で緑資源機構が廃止されたのに伴い、四国の大規模林道は規模を縮小し、事業は県に委譲された。小田・池川線など多くの路線が中止となっている。しかしながら、四国全体でこれまでにつぎ込まれた公金は八〇〇億円に上る。貴重な自然を破壊し、希少な生物を絶滅の危機に追いやり、いまなおその存在自体が山全体の脅威をなっている現実を直視しなければならない。

四国は林業の盛んな地域である。ただ、衰退も著しく、若い後継者不足や高齢化で林業の存続自体が危ぶまれている。そんな危機的な事態につけ込んで巨額な公金をつぎ込み、山を破壊した緑資源機構の悪辣な歴史は忘れてはなるまい。

いまも時折、山に入り、林道を歩く。しっかりと整備された小さな規模の林道は、山に優しく地形の隅々まで考えて建設されている。今春も、可憐な花を咲かせるミツマタの咲き誇る林道を歩き、そして考えた。

大規模林道という「負の遺産」を反面教師として未来の地球を救う行動の根拠とすることこそが、私たち大人の使命である。

政官業の癒着にまみれた緑資源機構

臺宏士（フリーランス・ライター）

官製談合で廃止

農林水産省（林野庁）が所管する独立行政法人・緑資源機構（二〇〇三年設立）が二〇〇八年三月に廃止された。一九五六年（昭和三十一年）に発足した前身となる森林開発公団時代から数えると、五十三年にわたり、林道建設を実行する機関として存続し続けた。その間、幾多の行政改革の波をはね除け、旧農地開発機械公団（一九五五年設立、農用地開発公団を経て一九九九年に緑資源公団に統合）などの他の組織をのみ込みながら、生き延びてきた。

その緑資源機構の活動に終止符を打ったのは、意外にも公正取引委員会だった。二〇〇六年十月三十一日、独占禁止法違反の疑いで公取委が立ち入り検査した。神奈川県川崎市にある緑資源機構の本部をはじめ、全国各地の出先機関・地方建設部で一斉に行なった。同機構が発注する緑資源幹線林道、いわゆる大規模林道（大規模林業圏開発林道）の地質調査及び調査測量設計業務の指名競争入札で、機構の担当理事が主導した「官製談合」事件の幕開けだった。

それから、わずか七カ月後に機構の運命は、公取委の刑事告発を受けた東京地検による捜査が続くなかで決まる。二〇〇七年五月二十八日、談合にかかわった業者の団体から献金を受け取っていたことが政治問題化した、松岡利勝・農林水産大臣（当時六十二歳）が自殺。後任として就任した、赤城徳彦農相が四日後の六月一日の記者会見で「機構廃止」を表明したのだ。東京地裁は二〇〇七年十一月、官製談合にかかわった緑資源機構の担当理事を含む計七人全員と、受注した四つの業者に有罪判決を言い渡した。そして、翌〇八年三月、緑資源機構は、看板を下ろした。官製談合事件を検証した。

公取委は三〇一件を認定

緑資源機構の大規模林道事業を巡る官製談合の「主役」となったのは、高木宗男である。緑資源機構の森林業務担当の理事だ。そして、この高木の下で具体的な談合の実務を担っていたのが下沖常男。機構本部の林道企画課長の職にあった（いずれも肩書は、公正取引委員会が独占禁止法に基づく立ち入り検査を実施した二〇〇六年十月三十一日時点）。

その手口とはどのようなものだったのか。公正取引委員会が二〇〇七年十二月に緑資源機構宛てに通知した「独立行政法人緑資源機構が発注する林道調査測量設計業務に係る入札談合等関与行為について」は、次のように高木と下沖の役割について記している。

「当該年度において発注が予定される特定林道（筆者注・大規模林道のこと）調査測量設計業務の一覧表

を作成し、当該一覧表に記載された業務及びそれ以外に発注されることとなった特定林道調査設計業務について、各事業者における機構の退職者の在籍状況、事業者の発注意欲、過去の受注実績等を勘案して、落札予定者を選定し、当該業務に係る入札前に、自ら又は発注事務担当職員（同・緑資源機構本部の課長クラスより下の職員や地方建設部の林道課長ら）を通じて、落札予定者に対し、落札予定者になった旨を伝達していた」

やや分かりにくいが要は、高木と下沖の二人は、大規模林道の開設や改良をする際に行う調査測量設計業務を発注する業者を年度当初にあらかじめ決めておく。その優先順位の基準となるのは、▽緑資源機構を退職した職員を受け入れているか▽どれだけ機構の事業に協力的な姿勢を示しているか▽前年度の受注はどれだけだったか——などで、高木や下沖自ら業者に伝えたり、出先機関の担当職員らを通じて知らせていたというわけだ。こうした発注予定の業者リストは、年度当初の四月ごろに作成されていたという。発注の方法は指名競争入札や見積もり合わせだ。見積もり合わせは、一般には「あいみつ」とも呼ばれ、任意に選んだ複数の業者に提出させた見積もりを元に業者を選ぶ方法だ。

入札という体裁を取りながらも実際には随意契約のようなものだった。

一覧表は年度当初の四月ごろ作成されていたが、あらかじめ予算化されていた業務だけでなく、災害などの緊急時に発注する必要がある場合でも同じように行なわれていた。公取委が認定した談合があったのは、二〇〇四年度からの三年間。〇四年度は当時、緑資源機構の森林業務部長だった高木が、〇五年、〇六年の両年度については森林業務部林道企画課長だった下沖がこれらを行ない、高木が落札予定者の選定結果について承認を与えるという役割だったようだ。談合の仕組みそのものの変更はないが、〇五年十月

○平成16年度における緑資源機構の落札予定者の選定結果の伝達方法

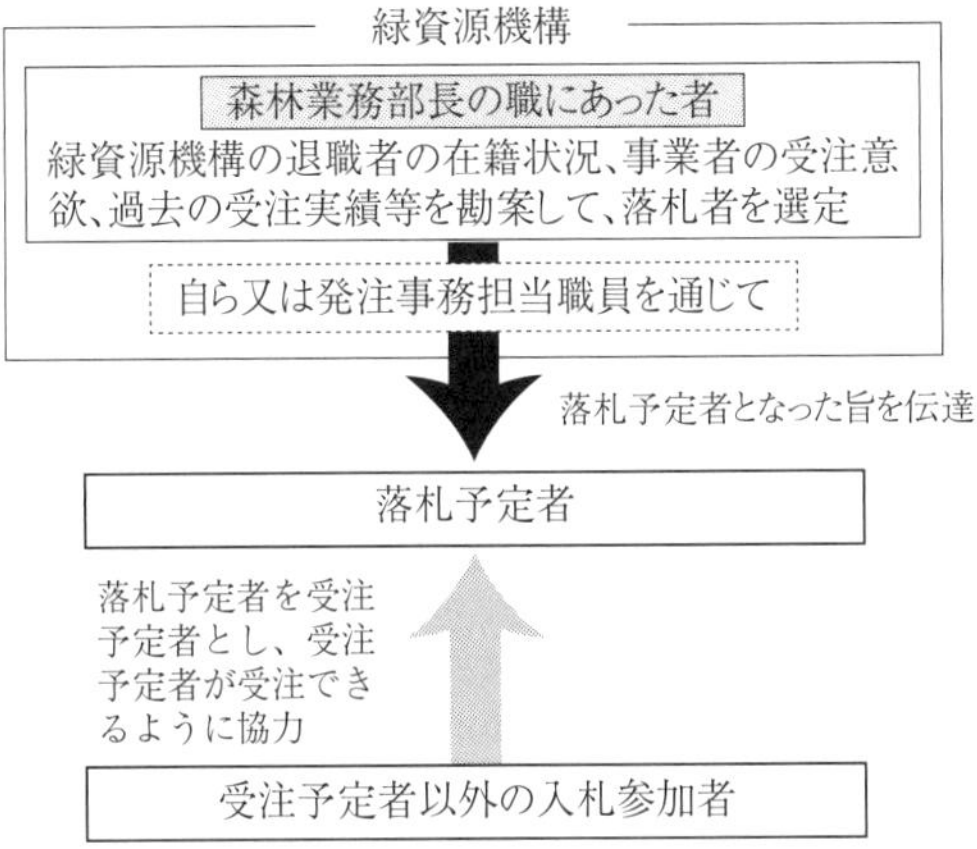

○平成17年度及び平成18年度における緑資源機構の落札予定者の選定結果の伝達方法

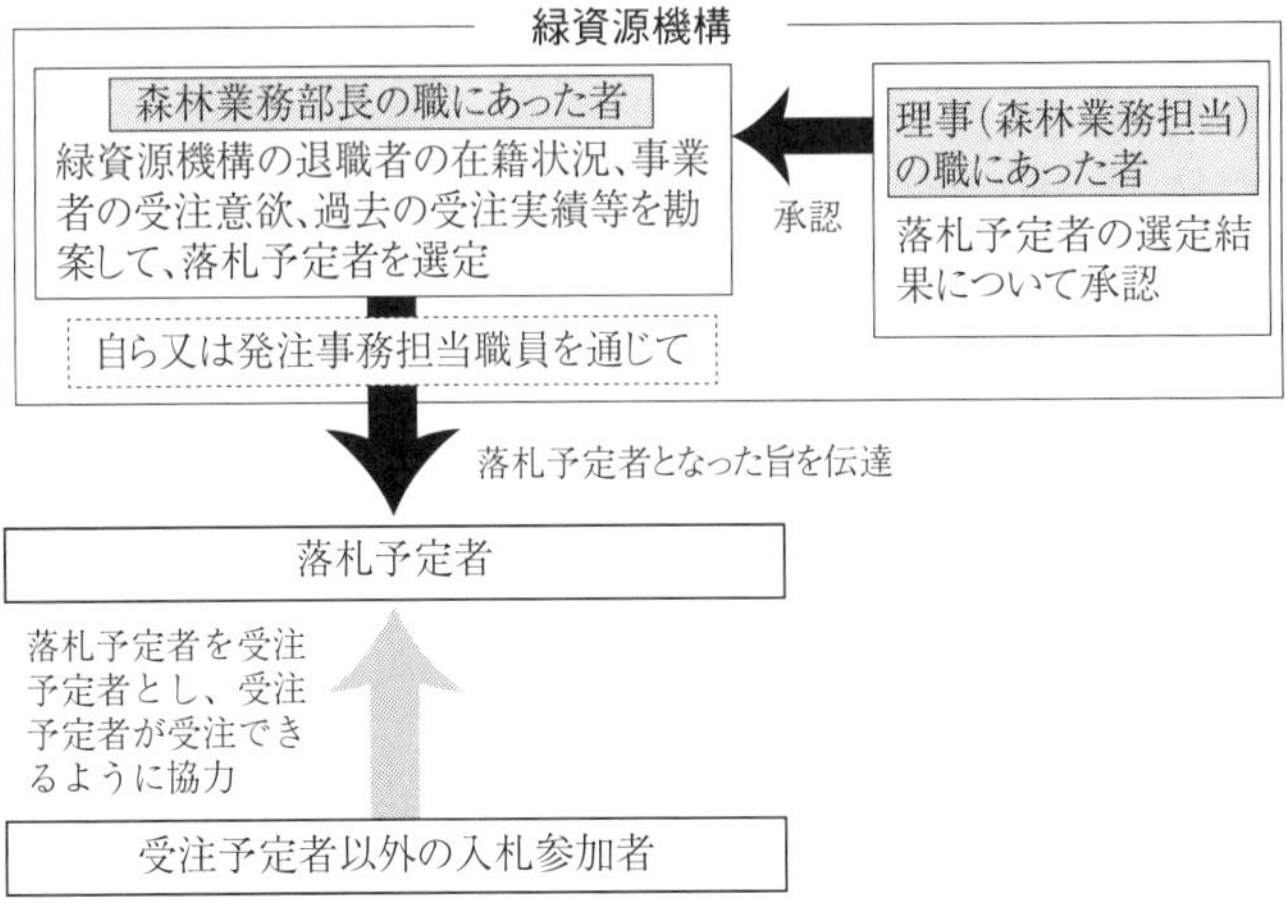

(公正取引委員会の資料から)

に高木が森林業務部長から理事に昇格したことにともなって下沖に対して、それまで自分が行っていた「業務」を引き継いだということによるものらしい。

一方、入札する業者側は機構側から受注予定者になったとの連絡を受けると、入札に参加する他の業者（相指名者）に自らが受注できるように価格を連絡し、相指名業者は、受注予定者が受注できるように協力していたという関係にあった。

緑資源機構側も円滑な談合運営を図る狙いがあったと思われるが、入札価格が予定価格を上回ることがないよう予定価格を漏らすこともあったようだ。緑資源機構が〇七年十二月に公表した「入札談合再発防止対策に関する調査報告書」の中で、「（機構本部の）発注業務では指名通知を行ってからまもなく、入札価格を教示するなどした。地方建設部発注業務については、地方建設部林道課長が適当と考えられる入札価格を暗に伝えた」と明らかにしている。

公取委の内部資料も「落札予定者となった旨の伝達を受けた事業者は、自ら積算した入札金額によって落札できるかどうかを確認するため、発注事務担当職員等に当該自ら積算した応札予定価格を連絡してくることがあった。この場合、発注事務職員等は、発注を予定している当該業務の予定価格を明確に伝えることはしなかったものの、『いいんじゃないか』『高すぎるのではないか』等の発言を行うことにより、当該応札予定価格で当該事業者が落札できるか否かについての感触を得ていた」と記している。

緑資源機構の本部や地方建設部は、それぞれ入札を行なう前に「審査会」を開き、入札資格のある業者の中から選定し、第一順位者の入札金額が予定価格を上回っているときは二回まで入札を実施することとしていた。結果については〇五年度までは最低札から三番目までの入札金額と事業者名を公表していたが、

朝日—小国区間の工事中止を検討する再評価委員会（座長・北村昌美・山形大名誉教授）。林野庁基盤整備課長の仲建三（右端）と高木宗男（左端）。1998 年 10 月 23 日、山形県朝日町役場で。

〇六年度からは最低札のみを明らかにしていた。

三年間に発注した業務の規模は、〇四年度（平成十六年度）は一〇一件（九億一五〇〇万円）＝内訳・指名競争入札九七件（八億九七〇〇〇万円）、見積もり合わせ四件（一八〇〇万円）。〇五年度は一〇六件（八億六八〇〇万円）＝内訳・指名競争入札一〇五件（八億六七〇〇〇万円）、見積もり合わせ一件（一〇〇万円）。〇六年度は九八件（八億三一〇〇万円）＝指名競争入札。計三〇五件に上る。

どんな事業で談合が行なわれていたのか。具体的に事業の名称を挙げておきたい。

例えば、公取委が命じた課徴金対象物件の一覧表には、「平成十七年度米沢・下郷線第四工区（北塩原—磐梯区間）猛禽類モニタリング調査業務委託」（林業土木コンサルタンツ）▽「平成十七年度宇目・須木線第一一工区調査測量設計業務」（森公弘済会）▽「平成十八年度清水・東津野線第六工区橋梁設計業務」（フォレステック）▽「平成十八年度設計積算基礎調査業務」（片平エンジニアリング）といった項目が並んでいる。これを見ていると不思議な項目があることに気づく。

例えば、森公弘済会が〇五年に指名競争入札で落札した事業だ。「平成十七年度猛禽類調査検討業務委託」を十一月十八日に落札しているが、わずか二カ月後の翌〇六年一月十七日にも「平成十七年度希少猛禽類調査手法検討調査業務」を落札している。同じような名称で期間もそれほど置かずに同じ業者が落札している。「ひょっとしたら」と、〇六年度を調べてみたら、同じ森公弘済会がやはり「平成十八年度希少猛禽類調査手法検討調査業務」を八月十日に落札していた。一体、同じような名目でどんな検討をしていたのだろうか。緑資源機構も森公弘済会も廃止・解散してしまったため確認しようがないのだが。

とにかく、この三〇五件の入札のうち公取委が認定した談合は三〇一件にも及ぶ。大半で談合が行なわれていたのだ。ただ、業者の中には機構側の働きかけにもかかわらず、談合に加わることを拒んだ業者もいたようだ。それが四件で、二つの業者が意向に従わなかったようだ。しかし、正当な落札は八一〇〇万円分に過ぎず、発注（落札）総額約二六億一四〇〇万円のうち、二五億三三〇〇万円は談合によるものだったのだ。

二一　業者を行政処分

そもそも官製談合とは、どんな違反行為を差すのか。

二〇一三年一月に施行された「入札談合等関与行為の排除及び防止並びに職員による入札等の公正を害すべき行為の処罰に関する法律」（いわゆる官製談合防止法）の二条五項は、公務員が入札談合に関与する「官製談合」（入札談合等関与行為）について具体的に四つの類型を示している。

(1)　事業者又は事業者団体に入札談合等を行わせること。

(2)　契約の相手方となるべき者をあらかじめ指名することその他特定の者を契約の相手方となるべき者として希望する旨の意向をあらかじめ教示し、又は示唆すること。

(3)　入札又は契約に関する情報のうち特定の事業者又は事業者団体が知ることによりこれらの者が入札談合等を行うことが容易となる情報であって秘密として管理されているものを、特定の者に対して教示し、又は示唆すること。

(4)　特定の入札談合等に関し、事業者、事業者団体その他の者の明示若しくは黙示の依頼を受け、又はこれらの者に自ら働きかけ、かつ、当該入札談合等を容易にする目的で、職務に反し、入札に参加する者として特定の者を指名し、又はその他の方法により、入札談合等を幇助すること。

公取委は高木と下沖の二人の行為について、(1)と(2)に当たると認定した。

こうして二人が主導した官製談合に協力した事業者は全部で二一にも上る。公取委は、この二一業者は、次のような合意を行なっていたとしている。

(1)　落札予定者となった旨の伝達を受けた者を受注予定者とする

(2)　受注すべき価格は、受注予定者が定め、受注予定者以外の者は受注予定者がその定めた価格で受注できるように協力する

指名競争入札とは名ばかりで、緑資源機構の天下りを受け入れた業者との癒着そのものであった。

こうした実態を踏まえて公取委は〇七年十二月二十五日付で独占禁止法違反（不当な取引制限）をしたとして行政処分した。二一業者（表1）のうち一九業者に排除措置命令、一三業者に計九六一二万円の課徴金納付命令を出した。

行政処分を受けた二一業者のうち財団・社団法人など公益法人は六業者もいた。これらの業者は、公取委から指摘を受けた違反行為についてはやめたことや、今後は自主的に受注活動を行なうことを取締役会で決議するなどし、談合に加わった他の事業者や従業員にその内容を周知しなければならない。ところが、二一業者には官製談合の主役である緑資源機構は含まれていなかった。

その理由について、公取委は「緑資源機構の役員及び職員の行った行為は官製談合防止法に照らして入札談合等関与行為に該当すると認められたものの、同機構においては、既に、入札契約制度の見直しや違反行為への関与者への内部処分が行われていること、また、緑資源機構が平成十九年（〇七年）度限りで解散することが決定されていること等にかんがみれば、あえて改善措置要求を行う必要はないと判断した」と説明している。

公取委が考慮したという内部処分は表1の通りだが、これは命令と同じ日に発表されたものだ。緑資源機構は二〇〇四年度から三年の間に談合に加担したり、監督を怠ったとして元理事（解任）や元林道建設課長（懲戒解雇）のほかに職員二四人を処分している。全国八カ所の各地方建設部の林道課長経験者一二人に停職一カ月、地方建設部長八人は監督責任が問われて、減給（一カ月一万一〇〇〇円から一万三〇〇〇円）。機構本部の課長補佐四人が厳重注意（文書）となった。

表1　公正取引委員会による独占禁止法に基づく行政処分

（2007年12月）

課徴金納付命令	財団法人林業土木コンサルタンツ（小川康夫理事長・東京都文京区、廃業）＝課徴金1910万円（累犯）
	財団法人森公弘済会（塚本隆久理事長・東京都千代田区、廃業）＝課徴金1027万円
課徴金納付命令、排除措置命令	株式会社フォレステック（三宅八郎社長・東京都三鷹市）＝課徴金1066万円（累犯）
	株式会社片平エンジニアリング（藤波督社長・東京都文京区）＝課徴金639万円
	社団法人日本森林技術協会（根橋達三理事長・東京都千代田区、旧日本林業技術協会＝課徴金1336万円（累犯）
	株式会社ウエスコ（山地弘社長・岡山県岡山市）＝課徴金941万円
	国土防災技術株式会社（加藤邦雄社長・東京都港区）＝課徴金787万円（累犯）
	株式会社プレック研究所（杉尾伸太郎社長・東京都千代田区）＝課徴金604万円
	パシフィックコンサルタンツ株式会社（高橋仁社長・東京都多摩市）＝課徴金458万円（累犯）
	財団法人林野弘済会（萩原宏理事長・東京都文京区）＝273万円（累犯）
	明治コンサルタント株式会社（山川雅弘社長・北海道札幌市）＝課徴金220万円（累犯）
	東北エンジニアリング株式会社（土門成隆社長・岩手県滝沢村）＝課徴金192万円
	財団法人林業土木施設研究所（金子詔理事長・東京都文京区）＝課徴金159万円（累犯）
排除措置命令（百万円未満は納付命令なし）	財団法人水利科学研究所（日高照利理事長・東京都文京区）＝課徴金80万円
	株式会社森林テクニクス（佐藤薫社長・東京都文京区）＝課徴金74万円
	株式会社興林（星健一社長・東京都台東区、旧興林コンサルタンツ）＝課徴金50万円（累犯）
	ヤマト設計株式会社（二本木光世社長・東京都中央区）＝課徴金48万円
	株式会社ホクリンコンサルタント（浦久司社長・北海道北見市、旧北林測量）＝課徴金45万円
	日本エンジニアリング株式会社（渡邊信夫社長・神奈川県横浜市）＝課徴金29万円（事後減免）
	高陽測量管理株式会社（玉木通雄社長・高知県高知市）＝課徴金16万円
	株式会社環境公害研究センター（中田憲幸社長・石川県金沢市）＝課徴金9万円

外部からの目には、緑資源機構は行政処分を受けないよう公取委と口裏を合わせて内部処分したようにも映る。この問題については改めて述べることとしたい。

元機構理事に有罪判決

公正取引委員会が緑資源機構に対する調査を始めたのは既に述べたように、二〇〇六年十月三一日だった。この時行なった立ち入り検査は行政調査の一環で、全国五〇カ所、翌十一月一日は一六カ所に及んだ。これが、犯則審査部による刑事事件としての告発を視野に入れた犯則調査に切り替わったのは、翌〇七年四月十九日だ。犯則調査権は、〇六年施行の改正独禁法で加わった権限で、裁判所が発給する令状によって、家宅捜索や資料の差し押さえを強制的に行なえるようになった。それまでの調査では間接強制の効力しかなく、立ち入り検査を拒否されることもあったという。競争を制限する価格カルテルや入札談合など国民生活に広汎な影響を及ぼすような悪質重大で、違反を繰り返したり、排除措置に従わないなど行政処分によっては独占禁止法の目的が達成できないと考えられる事案が対象になる。

東京地検特捜部による捜査も並行して行われ、公取委は五月二十四日に▽財団法人林業土木コンサルタンツ（小川康夫理事長）▽財団法人森公弘済会（塚本隆久理事長）▽株式会社片平エンジニアリング（藤波督社長）▽株式会社フォレステック（三宅八郎社長）――の四業者を独占禁止法違反の罪で検事総長に告発した。適用されたのは独禁法三条（不当な取引制限）と、違反した担当者を処罰（五年以下の懲役又は五〇〇万円以下の罰金）する八九条一項一号、それに法人の罰則（五億円以下の罰金）を定めた九五条一項一号と刑法六〇条（共同正犯）である。

公取委からの告発を受けた東京地検は、緑資源機構理事（森林業務担当）の高木宗男、同機構林道企画課長の下沖常男の二人と、業者のそれぞれの担当者四人を逮捕した。緑資源機構をめぐる官製談合事件の最大のヤマ場である。公取委はさらに六月十三日には、高木と下沖の二人と四業者の担当者の計五人を追加告発し、東京地検は七人と四業者を東京地裁に起訴した（七人のうち一人は逮捕せず、在宅のままの起訴）。

告発された四業者のうち林業土木コンサルタンツとフォレステックは二〇〇一年十二月十一日にも公取委から独禁法違反（不当な取引制限）で排除勧告を出されていた。林野庁東北森林管理局青森分局や青森県などが発注した国有林の測量事業で談合を繰り返していた。特に林業土木コンサルタンツは、受注業者の調整を主導していた。談合体質は全く改まらなかったのである
公取委は今回、刑事責任を問うことにした理由の一つとして「告発対象とするに当たっては、この事実も考慮して判断した」と明らかにしている。

ただ、公取委の犯則調査部が告発したのは〇五年度と〇六年度の二カ年分で、具体的には二〇〇五年度の一〇六件（契約金額は八億六八一六万七〇〇〇円）、〇六年度の九八件（同八億三二〇七万五五〇〇円）の計二〇四件（一六億九九二四万二五〇〇円）。〇四年から三年分とした同年十二月の行政処分（排除措置命令、課徴金納付命令）と異なる理由について「公訴時効からこのような認定になった」と説明している。

起訴されたのは業者が、財団法人林業土木コンサルタンツ▽財団法人森公弘済会▽株式会社片平エンジニアリング▽株式会社フォレステックの四業者。

個人が緑資源機構の高木、下沖のほか、機構の発注する業務を担当していた▽鷹林光久（林業土木コン

サルタンツ元理事兼林道部長）＝在宅起訴▽橋岡伸守（同元環境部長）▽金子賢治（森公弘済会元業務第二部長）▽杉本髙佑（片平エンジニアリング元企画営業部技師長）▽谷本功雄（フォレステック元技術本部長）の五人だ（表2）。鶴林と橋岡は林野庁出身、金子と杉本は機構ＯＢである。

検察は官製談合を主導した高木と下沖の二人に対する論告求刑（十月三日）で「天下り先の業者を優遇して業務を割り振り、自由競争を完全に排除して談合を繰り返し、二億円超の公金を浪費した」と指摘している。

被告全員が起訴内容を全面的に認めて公判で争うことはせず、九月十二日の初公判から十一月一日の判決の言い渡しまでわずか一カ月半のスピード裁判だった。

小坂敏幸裁判長は「林野庁や緑資源機構の天下りと密接に結びついた典型的な官製談合」と指摘。「ＯＢの生活の安定を図ることが組織の温存を可能とし、ひいては国民の利益につながるとの認識が垣間見える。こうした内輪だけの論理が官製談合の横行を許した」「血税を無駄に費やす官製談合を続け、国民の犠牲の上に自分たちの組織の温存を図ろうとした国民の信頼に背く恥ずべき犯行。書類破棄など隠蔽工作も行い、談合を続けようとした」と断じた。高木らに対しては「官製談合への社会的批判が高まる中、時代の流れに逆行し、談合を主導した」と指弾している。

それぞれの被告の量刑は、表2を参照してほしい。被告全員が弁護側の求めた執行猶予が付いた。ただ、法人としての緑資源機構だけは刑事責任を免れている。発注主の緑資源機構の役職員や業者の担当者と法人が罪に問われながら、機構自体は刑事責任を逃れることができたのは、公正取引委員会からの告発対象外で、起訴されなかったからだ。これも先に触れた問題点と重なる。

表2　東京地裁判決　（2007年11月1日）

発注側	緑資源機構元森林業務担当理事・高木宗男（5月24日解任）＝6月14日保釈決定（保釈金700万円）、懲役2年、執行猶予4年（求刑懲役2年）
	緑資源機構元林道企画課長・下沖常男（11月16日懲戒解雇）＝同（同500万円）、懲役1年6月、執行猶予3年（同1年6月）
受注側法人	林業土木コンサルタンツ＝罰金9000万円（求刑・罰金1億円）
	森公弘済会＝罰金7000万円（同・同8000万円）
	フォレステック＝罰金7000万円（同・同）。2007年12月に東京地裁が破産手続きを決定。
	片平エンジニアリング＝罰金4000万円（同・同5000万円）
受注側担当者	林業土木コンサルタンツ元理事兼林道部長、鷁林光久（林野庁出身）＝在宅起訴、懲役8月、執行猶予3年（求刑・懲役8月）
	林業土木コンサルタンツ元環境部長、橋岡伸守（林野庁出身）＝同（同400万円）、懲役8月、執行猶予3年（同・同）
	森公弘済会元業務第2部長、金子賢治（機構出身）＝同（同）、懲役6月、執行猶予2年（同・同）
	片平エンジニアリング元企画営業部技師長、杉本髙佑（機構出身）＝同（同）懲役8月、執行猶予3年（同・同）
	フォレステック元技術本部長、谷本功雄＝同（同）懲役8月、執行猶予3年（同・同）

林業土木コンサルタンツと森公弘済会の二法人は、農林水産省が所管する財団法人だ。フォレステックは六一年に設立された民間の会社だが、歴代の代表者は大半を林野庁関係者が占めているなど典型的な天下り会社と言える。〇七年十二月に破産手続きが開始されたほか、林業土木コンサルタンツと森公弘済会も解散した。結局四業者のうち現在も存続しているのは、片平エンジニアリングのみである。

ところで、これだけの大がかりな仕組みである官製談合発覚の端緒は何だったのだろうか。これについて、公取委は「事件端緒の具体的な中身に係わる事項は答えられない」という立場だ。ただ、今回は課徴金減免申請した会社があったようだ。減免制度は、内部協力者なしには解明の難しい談合案件で導入している一種の取引で、情報提供の見返りに課徴金をまけてやるというわけだ。公取委が公表しているのは日本エンジニアリングの一社のみだ。同社は談合に加担していたとして排除措置命令の対象にされたが、課徴金は減免され二九万円。足きりとなる一〇〇万円未満であったことから納付命令は出されなかった。

ほかに二社が機構側の働きかけに応じず、談合には加わらなかったことが分かっているが、大がかりな仕組みはかえってほころびを生みやすくしていたのではないだろうか。官製談合のきっかけとなった指名競争入札が一九九七年度から導入されて以後、発覚までの十年はむしろ、林野行政に業者の間からさえ不信の目を広げた期間であったかもしれない。

元公団理事が考案

緑資源機構を舞台にした官製談合は、いったいどのように行なわれてきたのだろうか。

その経緯や手口については、先に紹介した緑資源機構の「入札談合再発防止対策に関する調査報告書」の中でかなり詳しく浮き彫りにされている。この調査報告書ではとりまとめにあたって、緑資源機構の全役職員七一六人に加え、過去五年間に在職したOB二九一人を対象に、質問票による入札談合へのかかわりや上司の指示の有無を含めた調査を実施。さらに何らかの関与を認めた二四人に対しては聞き取り調査をした。この調査は理事長名で行なわれた。

少し話はそれるが、報告書をまとめた時の緑資源機構の理事長は町田治之（二〇〇七年十月一日に就任）。談合発覚を受けてこの年の九月に退任した前田直登（元林野庁長官、一般社団法人日本林業協会会長・二〇一六年二月現在）の後任として就任した。町田は前ソニー・ピクチャーズエンタテインメント社長という異色の経歴の持ち主。若林正俊農水相は記者会見で町田の起用について「機構に関係のある人ではなく、民間の人の経験を生かし、談合の再発防止や（機構の）廃止に伴う事業の移管に取り組んでもらいたい」と述べたという。町田は結局、最後の機構理事長となった。しかし、当の前田はその後もしっかり再就職を果たしていた。

話を戻す。受注側に対しては天下りの実態調査を中心に行なった。対象は大規模林道の地質調査・調査測量設計業務を受注した二三業者と、他の発注業務を受注し、天下りを受け入れた一二業者を合わせた計三五業者に上る。

調査報告書によると、地質調査及び調査測量設計業務での談合は、緑資源機構の前身・森林開発公団時代（機構は九九年十月に緑資源公団、〇三年十月に緑資源機構に改組）から行なわれていた。

当時は指名競争入札ではなく、随意契約だった。その際に行なわれる見積もり合わせでは、毎年度当初に森林開発公団が受注予定業者を割り振り、業者に通知。公団の意向に沿って業者間で受注予定業者を決めさせて受注させていた。

今回の官製談合を主導した高木がこうした受注業者の割り振りに関与するようになったのは、同公団林道建設課の調査役に就任した一九九四年ごろだったという。

きっかけは、公団ＯＢでいわゆる「生え抜き職員」として一九八八年に初めて理事になった山崎進一からの要請だった。山崎は、九〇年十月に公団を退職し、森公弘済会に再就職した。理事を九七年末まで務めた。高木らの作成した受注予定業者の一覧表は最終的には山崎の承認を得ていたとされる。山崎は特定森林地域協議会（特森協）の副会長を務めていた。特森協は、大規模林道の建設にかかわる事業を受注していた業者らで構成する団体だ。政治家への予算の陳情など政界対策も担っていたといわれる。二〇〇三年の名簿には山崎の肩書は「相談役」とあった。山崎は公団、弘済会を退職してもなお、強い影響力を持ち続けていたのだ。山崎は、東京地検特捜部の捜査のただ中で自殺するが、これについても後述する。

山崎は、公団の林道企画課長を〝補佐〟して、受注予定業者の割り振りを行なう際には公団や林野庁の退職者を多数在籍させている林業土木コンサルタンツ、フォレステック（当時の社名は大川設計測量）、森公弘済会の三社については、公団退職者の再就職の確保、片平エンジニアリングについては出先機関の地方建設部から受注させたいとの要望が多く寄せられていたことを理由に挙げて、前年度の受注総額を維持できるよう優先的に業務を割り振るよう指示していたらしい。

高木も山崎と同じ公団生え抜きの職員。後に高木は生え抜きでは三人目となる理事にまで上り詰めるが、こうした個人的にも立場の重なる有力ＯＢの要請を反映させた割り振りの原案を作成して、林道企画課長に提出するようになったという。同課長自身からも山崎と同じような指示があったという。

山崎は、天下りの受け入れや受注実績を元に発注先を決める方式を九〇年ごろに考案したとされる人物だった。

高木は裁判で「(上司は）絶対的な人。引き継いだシステムを自分勝手にできるものではないと考えていた」と釈明していた。

しかし、翌九五年に大きな転機が訪れる。旧総務庁は九五年三月に「契約案件の競争性が十分発揮されていない」と勧告。これを受け森林開発公団は森林業務委託基準を改定し、公団の発注業務は原則として指名競争入札となり、九六年度から本格的に導入されることになったという。ここで再び山崎が口を挟み、指名競争入札制度の導入後もこれまでと同じように四業者の優遇を求められ、高木もこれを了解したという。検察は刑事裁判の冒頭陳述で、山崎は「表向き競争させていることにしておけばいい。公団の意向に沿った形で業界の談合がまとまるはずだ」とこの時に発言したと指摘している。

一方、業者側も指名競争入札制度の導入にはかなり慌てたようだ。高木に対して引き続き前年並みの受注高となるよう要請している。高木はこれについても了承している。

報告書は「指名競争入札及び見積もり合わせの方法で発注する公団業務に関し、元理事らは年度ごとにあらかじめまとめて受注予定業者を割り振り、これを事業者側に伝達し、事業者側においては、元理事らの意向に沿って受注予定業者を決定するとともに、当該受注予定業者が受注できるような価格で入札を行う旨の基本ルールの合意が形成された」と記している。九六年の指名競争入札導入後で優遇されたのは、林業土木コンサルタンツ、フォレステック、森公弘済会の三業者だけだったようだが、公団に出向経験のある林野庁退職者を九九年に受け入れた片平エンジニアリングの担当に対しても高木は「毎年度初め頃、当該年度に受注させる予定の業務をまとめて伝えていた」という。総務庁行政監察局は、九六年三月にまとめた「公共工事の発注事務に関する調査結果報告書」で情報保護の観点から積算価格の決裁に関与する公団総務課の一部職員を「特に必要不可欠と認められない」と指摘している。しかし、何の意味もなかったのである。

ところで、この行政監察の対象時期の実態を浮き彫りにしたスクープ記事が毎日新聞山形版に掲載された。一九九六年十一月一日朝刊だ。同紙は、九一年度から九六年度までの山形県内で建設されている大規模林道工事をめぐる落札資料を独自に入手したという。

「環境問題取材班」の筆名の記事によると、工事は当時の森林開発公団会津若松建設部が年度初めに開設、法面、橋梁製作・架設の三工種別に「指名競争入札」を実施し、発注している。

その落札結果は、例えば、自然保護団体「葉山の自然を守る会」など地元住民が反対している朝日連峰の尾根を貫くことになる「真室川・小国線」の開設工事では、「共同企業体」四グループと、県内大手二社のほぼ独占状態になっていたという。二社の落札総額は六年間で一四億七〇〇〇万円、一三億三〇〇〇万円に上っていた。談合は果たしてなかったのか。毎日新聞記者の質問に対して、会津若松地方建設部総務課は「正規の手続きを踏んで入札をした結果が、たまたまそうなっているんでしょう、という以外、私どもが申し上げることはない。発注者側の立場としては、受注する側がどうのこうのとコメントする立場にはない」と回答している。

役人というのは、ウソを平然とつくことができる神経を持った人たちであることを見せつけるようなコメントである。

受注業者の林野庁、緑資源機構退職者の在籍数については表3を参考にしてほしい。

官製談合をめぐっては、こんなエピソードがある。国や地方自治体の職員による入札談合を防止する目的の談合防止法（入札談合等関係行為防止法）が施行されたのは二〇〇三年一月だった。国や自治体が資本金の二分の一以上を出資している「特定法人」も対象に含まれた。職員による関与が明らかになれば、公取委は発注者に改善措置を求めることができるほか、発注者は職員に対して損害賠償請求もできるようになった。政府が資本金を全額出資する緑資源機構も官製談合防止法の対象法人に当然、該当する。

表3　地質調査・調査測量設計業務の林道受注法人の落札件と落札額、農林水産省・緑資源機構ＯＢの在職人数

（2002年度から06年度）

財団法人林業土木コンサルタンツ	102件	8億3405万円	33人
フォレステック	100件	8億1502万円	5人
財団法人森公弘済会	82件	6億6810万円	19人
片平エンジニアリング	67件	4億136万円	1人
合計	351件	27億1853万円	

（緑資源機構「契約状況調査結果」から。在職人数は読売新聞調べ・07年4月1日現在）。

＊この期間の入札件数は24法人・497件、発注総額は36億5953万5000円

落札件数で約70％、落札額の約74％を上記の4法人で占めている。また、この間に緑資源機構からフォレステック1人、森公弘済会15人、片平エンジニアリング1人が再就職している。

読売新聞（〇七年五月六日朝刊）によると、この年四月に高木（当時は機構森林業務部次長）は、全国八つの地方建設部の林道課長が集まった「林道事業業務打ち合わせ会議」の席上、「落札率は九三％程度が適切だ」との発言を行なったというのだ。予定価格が落札率（予定価格に対する落札額の割合。一〇〇％に近いほど落札業者の利益が大きくなる）の九五％以上だと一般的に談合が疑われる。このため、談合の発覚を免れるため受注予定業者に落札率まで細かく指示したということらしい。

平均落札率は〇二年度が九六・二二％だったのが、公取委によると、〇四年度は九四％、九五年度は九三％、〇六年度は公取委が立ち入り検査に入る十月までで九三％（検査実施後の発注はない）。お見事である。

緑資源機構の集計によると二〇〇二年度から〇六年度までの五年間の入札件数は四九七件で二四業者が落札した。発注総額は三六億五九五三万五〇〇〇円に上る。落札件数で約七〇％、落札額の約七四％を刑事責任が問われた四業者で占めている。また、この間に緑資源機構の退職者を受け入れたのは、フォレステック一人、森公弘済会一五人、片平エンジニアリング一人の三業者の

計一七人となっている(一人が二業者で重複)。この業務での落札額はこの五年間ともつねに上位はこの四業者で顔ぶれは変わらない。受注額も前年度からの変動は小さく、数字からも談合が窺える。

高木は裁判で「上司の意向に反して、職を辞しても官製談合を断ち切る責務があったのに果たさなかったことは厳しい非難を免れない」と述べたというが、その末路は必死に守ろうとした緑資源機構そのものの廃止だった。

「専門性」を強調

「事業者は、私的独占又は不当な取引制限をしてはならない」。

独占禁止法三条は明確に談合を禁止しているにもかかわらず、高木や下沖はどのような言い訳を用意していたのか。しばしば、口にしていたのが、林道開設のための測量という業務の特殊性と事業者の専門性である。

林道というと、狭く未舗装の荒れた路面を四輪駆動車でようやく通行できるような道をイメージされるかもしれない。しかし、談合の舞台となった大規模林道は、従来の林道のイメージとは大きく異なる。法面も大きく切り取られた完全舗装で、二車線・幅七メートルもある。大型観光バスの通行も可能な「山岳ハイウエー」といった方が実態に合う高規格な道路なのだ。林野庁は全国一七の道県に七つの大規模林業圏(総面積九二〇万ヘクタール)と名付けた地域を設定し、奥地の森林地域まで道路を整備することで観光を含めた地域振興に資すると建設の意義を説明してきた。その規模は、本線と支線を合わせた三二路線で計画延長は二二六二・九キロメートルにも及ぶ。工事は一九七三年に始まった。

事業費の三分の二は国庫補助金で三分の一は財政投融資からの借入金で賄われている。借入金の返済財源は、関係道県の負担金（当初二三・三％）と受益者負担金（同一〇％）である。国策林道と言っていい。

高い峰を越えるなど急峻な地形の森林奥地を縫うように進む「観光道路」の建設は、里山の林道の工事とは全く異なる。難工事の上、希少な動植物が生息する豊かな生態系への配慮など今日では高い水準の工事技術が求められる、とされる。

緑資源機構の「調査報告書」は、関係者の証言として次のような内容を紹介している。

「本件業務は、熊、マムシ、ヒル等の動物が生息する道のない急峻な地形を有する森林の中で、危険な屋外作業への対応、尾根や谷が連続する中で改変面積を小さく、土の移動量を少なくする技術への対応、環境保全のための環境アセスメント、保安林解除等法的な手続の処理などへの対応、工事費を抑制するためのあらゆる角度から検討を行うための林道の知識・経験・専門性を駆使することなどが求められていた」

「厳しい山間部で特殊な業務に的確に対応できる事業者は少なく、困難な事業に適切に対応できる専門的な事業者を育成する必要があり、また、信用確実な業者に委託することにより、結果的には安くて立派な成果品が得られる」

なんとも自分勝手のご都合主義な理屈かと思う。

報告書は「過去の受注実績を重視する考え方、専門技術を有すれば再就職者の受け入れが許されるという安易な考え方に繋がり、結果として談合を生み出す閉鎖的な構造を形成させるとともに、違法性の意識を鈍磨させ、入札契約の透明性や競争性を確保するという意識を欠如させていくことに繋がったと考えられる」と指摘している。

国策林道といってもその実態は、政官業が私利私欲をむき出しにした私益林道だったのである。

機構本体は不問

公正取引委員会による強制調査は緑資源機構の廃止に道を開いた。しかし、公取委の追及は機構が同じ「官」であるということでのお目こぼしがあったのではないかという疑問も同時に浮かぶ。

その疑問の第一は、今回の官製談合が担当理事と担当課長という、主導した二人しか機構側では問われていないということだ。受注した業者側は法人としての責任を問われたが、機構の理事だった高木らの行為は、独占禁止法の定める不当な取引制限に当たるとしながらも、機構本体は、先に記したように公取委の告発対象にはそもそも含まれていないのである。

二〇〇七年十二月の公取委による行政処分も業者だけが対象。公取委は「入札談合等関与行為防止法（官製談合防止法）」に規定する「入札談合等関与行為」に当たるとしながらも同法に基づく改善措置も求めなかった。その理由について公取委は三点を上げている。それは、(1)緑資源機構は入札契約制度やコンプライアンス強化のための組織・人事の見直しを実施する、(2)元理事、林道企画課長に対して解任、懲戒解雇したり、担当職員にも懲戒処分する、(3)緑資源機構は〇七年度限りで解散する――ことであり、「これ以上の措置を求めることは難しく、緑資源機構に対する改善措置要求は行わないことは特に公平を欠くとは考えていない」とする。

公取委は、機構に対して入札予定価格などの情報漏えいを処罰する官製談合防止法二条三号を適用していない。なぜなのか。内部文書は「具体的な予定価格を教唆又は示唆していた事実が認められなかった」と理由を記していた。それでは「公正」という名前が看板倒れにならないだろうか。

独占禁止法に詳しい秋山まゆみ氏（関西大学助教）は「このような違反行為を可能にできたのは、緑資源機構自体が関与して初めてなすことができる行為であり、また、判決文の中でも『被告人両名を介して』という記述があるように、緑資源機構が二人を介してさせた行為であることは判決の内容からも明白に読み取れる」（『ジュリスト』（一三六五号、二〇〇八年十月十五日）と指摘している。さらに「緑資源機構の独占禁止法違反事業者としての責任を認めることなく独禁法九五条を適用したことに問題があったのではないかと考える。公正取引委員会が緑資源機構を告発の対象から落としたことがそもそもの問題の出発点ではないかと思われる。このことは公正取引委員会の排除措置命令及び課徴金納付命令からもうかがえ、このような公正取引委員会の考え方には問題があるのではないかと思われる」と続けている。

全くその通りだ。

公取委はなぜ、緑資源機構を告発対象にしなかったのか。核心となる発言がある。それは、検事総長に告発した〇七年五月二十四日に、公取委の杉山第二特別審査長、山口第二特別審査長補佐らが出席して経済産業省の会見室で行われた記者レクの質疑応答の中でのものだ。該当部分を引用する。

××××

記者　独占禁止法の共犯として、緑資源機構を法人として告発することは可能なのか。

公取委　発注者と事業者間の垂直的不当な取引制限については独占禁止法には規定がなく、発注者である緑資源機構を共犯とすることはできない。

記者　一般論として、発注者の担当者個人を、身分なき共犯として告発することは可能か。

公取委　可能である。

×　×　×

何のことはない。そもそも緑資源機構本体に責任を取らせることは法律上、できないというわけだ。であればなおさら、官製談合防止法に基づく改善措置さえ求めなかったことは、解散が決まっていたとはいえ責任の所在を明確にしないまま事件の幕引きを図ったと言われてもやむを得ないと思う。余りに公正さを欠いていないだろうか

ちなみにこの時の記者レクでは告発する理由について「本件は、政府一〇〇%出資の独立行政法人が関与する官製談合事件であること、地理的にも全国に及ぶなど規模が大きいことなどの事情を総合勘案して告発するという判断に至ったものである」としている。

この意気込みを緑資源機構本体にも向けてほしかった。

農林水産省は公取委の調査を受けて〇七年五月に、「緑資源機構談合等の再発防止のための第三者委員会」を設置した。メンバーは▽井出隆雄氏（ジャーナリスト）▽大西隆氏（東京大学先端科学研究センター教授）▽大森政輔氏（弁護士、元内閣法制局長官）▽清水勇男氏（弁護士、元最高検察庁検事）▽矢部丈太郎氏（実践女子大学教授、元公正取引委員会事務総長）＝肩書はいずれも当時。

この第三者委員会も二〇〇七年七月二十六日にまとめた「中間とりまとめ」で、「一部の委員から、発

注者である緑資源機構が談合を主導していたという事態が長年継続されてきたことについて、管理者の責任が問われなければならないとの意見が出された」と明記している。さらにこの中間とりまとめは、「談合事案として公正取引委員会が告発した内容は、幹線林道事業の調査・コンサルタント業務という限られた分野でのものであるが、本委員会に示された緑資源機構が発注した事業の入札調書を見ると、他の事業についても談合があった可能性は否定できないと考えられる。したがって、農林水産省及び林野庁は緑資源機構の全事業について調査を行って実態を明らかにするとともに、緑資源機構が廃止された後も、これらの事業を継承して実施する法人において再発防止策を講じる必要がある」とも記している。

公取委が〇四年から〇六年度の入札談合を認定した額は、八億三一〇〇万円～九億一五〇〇万円。これに対して、大規模林道の予算額（林道事業関係経費）は〇四年度一四三億七九〇〇万円、〇五年度一三二億五二〇〇万円、〇六年度一二八億一五〇〇万円で、認定額は十分の一にも満たないのである。第三者委員会が指摘したように大規模林道事業の一部に過ぎない調査測量設計業務に限らず事業全体の入札談合の実態に対して調査のメスが入らなければならない。ところが、農水省の第三者委員会の厳しい指摘にもかかわらず、実態解明は行なわれないままで終わってしまった。

ところで、検察は談合による税金の無駄遣いについて「二億円超」と指摘していることは先に紹介した。

官製談合防止法は公取委から改善措置の求めを受けた各省庁の大臣らは内部調査を行なわなければならないとともに、四条一項に基づき、損害の有無についての必要な調査もしなければならない。そして、調査の結果、談合に関与した職員が「故意又は重大な過失により国等に損害を与えた」と認めるときは、職員に対し賠償を求めなければならない、と規定している。

刑事事件での罰金と課徴金を合わせた総額は三億六六一二万円になる。これで十分に損害を賄えたから構わないという理屈なのだろうか。

「談合金」疑惑

先に今回の官製談合事件は、大規模林道事業の測量調査設計業務だけで終わったと記した。しかし、別の事業にも広がる可能性を示す東京地検による捜査も行われていた。というよりも特捜部が乗り出す以上、政界汚職の摘発を視野に入れた捜査だったと言っていい。

特定中山間保全整備事業——。

大規模林道が集落のない森林奥地での林道開設事業だったのに対して、中山間保全整備事業は、いわゆる里山や山村といわれる地域を主たる対象地域とした農業と林業地域の一体的な整備をうたった事業だった。森林整備として水源林造林・分収育林、農用地整備として区画整理、基幹農林道の建設が主な内容だった。一九九九年に創設された事業だ。緑資源機構は九九年に旧農用地整備公団と旧森林開発公団が合併して発足した緑資源公団を前身としているが、その両方の旧公団の事業内容を取り入れたような事業だ。五年ほどにわたり一〇〇億円を超える予算がばらまかれる公共工事そのものが、林業や農業の名目的な振興よりもバブル崩壊後も低迷を続ける地方経済にとっては有り難い存在であったに違いない。

当時、緑資源機構は〇三年から熊本県の阿蘇小国郷区域（受益面積五七八五ヘクタール、完工二〇〇九年）、〇七年には島根県の邑智《おおち》西部区域（同三一六二一ヘクタール、同二〇一三年）の二カ所で事業を始めていた。

この事業を機構から引き継いだ独立行政法人・森林総合研究所森林農地整備センターがまとめた「特定中山間保全整備事業のあゆみ」（一四年三月）によると、総事業費はそれぞれ一三七億二四〇〇万円と一二七億三九〇〇万円。中核事業は「農林業用道路」と名付けられた道路整備で、事業費の八割ほどを占める。

八木宏幸率いる東京地検特捜部は、高木宗男ら緑資源機構幹部の逮捕に踏み切った翌日の二〇〇七年五月二十五日に阿蘇小国郷区域を担当する緑資源機構の九州整備局、宮崎地方建設部、阿蘇小国郷建設事務所、邑智西部区域の松江地方建設部などの強制捜査を開始したのである。官製談合は、大規模林道の地質調査・調査測量設計業務だけではないと特捜部はみていたわけだ。

阿蘇小国郷区域は、現職閣僚の松岡利勝・農水相のお膝元。松岡は既に、官製談合に絡んだ農林業関係団体からの寄付金問題が政治問題化し、報道でも大きく取り上げられていた。この年の七月の参院選を控えた政界の関心は、現職閣僚の不祥事という第一次安倍政権（二〇〇六年九月〜〇七年九月）を揺るがしかねない特捜部による松岡の立件に向けられていた。東京地検は全国から応援検事を集めて捜査に臨んでいた。

〇六年十月に緑資源機構に対する立ち入り検査で始まった公正取引委員会による行政調査が〇七年四月に犯則調査へ切り替わった背景には、検察によるこうした狙いが背景にあったとされる。

官製談合は緑資源機構の退職者の天下り問題だけにとどまらない。機構の仕事を受注した企業や公益法人はさらに身内の団体を組織した。先に記した今回の談合システムをいわば「考案」し、高木宗男に実施を指示した山崎進一が副会長を務める任意団体の「特定森林地域協議会」（特森協）だ。この協議会と一体となった政治団体として、「特森懇話会」がある。特森協の事務所は、東京・西新橋のビルにあり、特森懇話会も同じ場所にあった。

特森協は、大規模林道が建設されている全国八地域の支部に所属する約三〇〇社の土木業者などで構成されていた。年会費は、受注高に応じて決められ、二〇〇〇万円当たり七万五〇〇〇円を納める仕組みだったらしい。大規模林道の年間予算を仮に一〇〇億円だとしても、年間で三七五〇万円が集められることになる。一種の「談合金」を上納するシステムだ。

この原資は、もともとは国民の税金である。森林開発公団出身者も専務理事や事務局長に名を連ねる。

一方、特森懇話会の設立は一九九八年九月。事務担当者には退職した元緑資源公団の森林業務部長らが就いた。政治資金収支報告書によると、懇話会は年一回の政治資金パーティーを開き、二八八万円から九二〇万円の収入があった。特森懇話会は「渉外費」として自民党議員を中心に政治献金をしたり、パーティー券を購入していたらしい。松岡の資金管理団体「松岡利勝新世紀政経懇話会」に対して二〇万円と一〇〇万円のパーティー券＝二〇〇〇年、「松岡利勝君と語る会」には二二〇万円のパーティー券（二回分）＝〇一年など二〇〇〇年から〇五年までの間に五二〇万円がわたっていた。

松岡が支部長を務める自民党熊本県第三選挙区支部も特森協宮崎地区協議会から〇五年に二〇〇万円の献金を受けていた。こうした事実を参議院農林水産委員会（〇七年五月八日）で暴露したのは紙智子（共産）だ。

このほかに松岡は、公取委が談合を認定した森公弘済会理事長の塚本隆久から六〇万円、林野弘済会会長の高橋勳から一二万円の献金を受けている。二人とも元林野庁長官で、塚本は、森林開発公団の理事長も経験してからさらに森公弘済会に転じていた。

松岡は「個人献金ではありますものの、やはりきちんと身を正すべきというふうな考え方で、四月の十二日だったかと思いますが、既に返却をいたしたところでございます」と答弁している。紙の調べによると、独禁法違反で有罪が確定した林業土木コンサルタンツ九六万円、フォレステック一四八万円の献金も浮かび上がった。

さらに特森協の会員企業からの個別の献金も松岡側は受け取っていた。東京（中日）新聞〇七年五月二十三日朝刊によると、二〇〇三年からの三年間で三三社が計一六七二万円の寄付を自民支部に行なっている。また、新世紀政経懇話会に対して、経営者六人が一五七万円の寄付、四社が計六〇〇万円のパーティー券を購入していた。

熊本県の特定中山間保全事業に絡む談合疑惑についても言及したい。これは最終的には刑事事件にならなかったが、関係者が自殺するという痛ましい傷跡を残した。

先に触れたように「阿蘇小国郷区域」（南小国町、小国町）で事業が始まったのは〇三年度だ。その翌四年四月には地元の約四〇社が集まり、「阿蘇北部地区中山間事業安全推進協議会」（推進協）を発足させた。設立総会ではわざわざ役員側から「公取の調査が入るかもしれないので、気をつけるように」との指示も出されたという。会長を中心に受注調整され、その結果が緑資源機構に伝えられた。機構はその要望を踏まえたうえで、受注予定業者を決め、阿蘇小国郷建設事務所や宮崎地方建設部を通じて業者に伝えられたという。会長は、松岡の有力後援者である阿蘇市の建設会社社長。阿蘇市は松岡の選挙区内にある。特森協と同様、推進協でも受注額の〇・三%を「賦課金」として一定割合を徴収していたらしい。

松岡の資金管理団体や自民党支部に計一八〇〇万円を献金した二三社のうち一四社が〇三年から〇六

年までの四年間に農林道や区画整理工事など三〇件（約二二億二四〇〇万円）を落札。最も多額な四一六万円を献金した会長の建設会社は四件（四億五〇〇〇万円）を落札していたという＝読売新聞二〇〇七年五月二十八日朝刊、東京新聞二〇〇七年六月二日朝刊。この時期、こうした談合疑惑について機構側や業者がその事実を認めたとの報道が相次いでいる。

現職閣僚ら三人が自殺

緑資源機構の大規模林道事業をめぐる官製談合事件は、安倍政権を大きく揺さぶりながら思わぬ結末を迎える。まず、捜査が関係者の逮捕へと向かうなかで、十八日に松岡の事実上の地元秘書と言われた損保険代理店を営む男性が阿蘇市の自宅で首をつって自殺する。

そして、その十日後の二十八日朝には松岡本人が東京・赤坂の議員宿舎で首つり自殺した。午後には緑資源機構の官製談合事件での答弁が予定されていた。

松岡は官製談合事件だけでなく、この年の一月三日に「しんぶん赤旗」で、光熱費が無料の国会議員会館内に自分の資金管理団体の事務所を置き、多額の光熱水費や事務所費を計上していた問題が取り上げられた。この記事の政界へのインパクトは大きく、「事務所費問題」として政治問題化した。松岡は、「ナントカ還元水（の装置）を付けている」と釈明に追われるなど、政治とカネをめぐり国会で厳しく追及され続けることになる。

このため、自民党内からも国会閉会後の閣僚辞任を求める声が公然と出始めていた。安倍首相はこの日、

「ご本人の名誉のために申し上げるが、緑資源機構に関し、捜査当局から松岡大臣の取り調べを行なっていた事実もないし、取り調べを行なう予定もないとの発言があった」と記者団に述べたというが、林野庁OBであり、自民党の農林部会長や農水副大臣を歴任し、農水大臣に上り詰めた松岡を特捜部が標的にしていたことは誰の目にも明らかだった。松岡は「国民の皆様　後援会の皆様」とした二十八日付の便せんを残していた。そこには「ご迷惑をかけておわび申し上げます。私自身の不明不徳の致すところで申し訳ない」などと書いてあったが、官製談合事件に関する記述はなかったという。

関係者の死は、二人だけでは収まらなかった。翌二十九日朝、今度は談合システムの考案者であった山崎進一（当時七十六歳）までもが神奈川県横浜市青葉区の自宅マンションから飛び降りたのだ。山崎は一九八八年に旧森林開発公団の理事に初めて生え抜きとして昇格した。森公弘済会理事を経て特森協副会長になるなどまさに「ミスター大規模林道」であった。特捜部は山崎の自宅にも二十六日に家宅捜索を行なっており、この日も午後から事情を聴く予定だったらしい。

特森協は公取委の立ち入り検査を受けた翌月の〇六年十一月に解散。特森懇話会も翌〇七年一月に解散している。

そして、緑資源機構本体は後任の農水相となったばかりの赤城が六月一日の就任記者会見で「廃止の方向」を打ち出した。官僚の天下りと官製談合、談合業者からの政治献金と国会での予算確保といった政官業の癒着のメカニズムの中で、必死に生き延びてきた機構の命脈も尽きたのである。東京地検特捜部の捜査も六月十三日の起訴で終結した。事件の核心を知るはずの関係者は自殺し、さらに広がりかけた談合疑惑と政界汚職はもはやすべての証拠とともに隠滅されてしまったのである。

一四県で継続

大規模林道（緑資源幹線林道）事業は、緑資源機構の廃止に伴って、各道県に移管されることになった。この時点で、二七路線（約七〇〇キロ）が未整備だった。

林野庁整備課によると、計画のあった一七道県のうち、建設を引き継いだのは、青森（事業実施二〇一〇年度）、岩手（同〇八年度）、福島（同一〇年度）、富山（同〇八年度）、岐阜（同〇九年度）、鳥取（同〇八年度）、島根（同〇八年度）、広島（同一〇年度）、山口（同〇九年度）、愛媛（同〇八年度）、高知（同〇八年度）、熊本（同〇九年度）、大分（同〇九年度）、宮崎（同〇八年度）の一四県。岡山は〇四年に全線開通。

大規模林道事業の費用負担だが、移管後は農水省（林野庁）の森林居住環境整備事業のメニューの一つである「山のみち地域づくり交付金事業」の名称で、しばしば「紐付き」と批判される国が採択する補助事業として進められた（〇八年度〜一〇年度）。国の補助率は三分の二である。〇八年度の関連予算は、七〇億円である（これとは別に「幹線林道事業移行円滑化対策交付金」と称する予算として七億六〇〇〇万円が措置された）。七県では切れ目なく工事は続行された。一一年度からは各県知事が独自に計画し、予算配分を判断できる交付金事業に変更。名称は、内閣府の「地域自主戦略交付金」（一一年度〜一二年度）となり、その後は再び農水省に戻り、「農山漁村地域整備交付金」（一一年度補正予算〜）の対象事業として引き継がれた（山のみち地域づくり交付金の名称は、一貫して使用されている）。一方、山形では、そもそも大規模林道は移管されなかったほか、北海道は、移管後の一〇年度に全道での工事中止を決めた（敬称略）。

表4　山のみち地域づくり交付金採択地区一覧

年度	道県名	事業実施地区名	
		地区名	関係市町村名
2010（平成22）年度	青森県	田子地区	田子町
	福島県	新鶴・柳津地区	会津美里町、柳津町
		田島・舘岩1地区	南会津町
	岐阜県	高山地区	高山市
	広島県	布野作木地区	三次市
		西城東城地区	庄原市
2011（平成23）年度	愛媛県	愛媛内子地区	内子町
2012（平成24）年度	福島県	北塩原・磐梯	喜多方市・北塩原村
	広島県	君田・布野	三次市
2013（平成25）年度	岩手県	葛巻・一戸地区	葛巻町・一戸町
		二戸地区	二戸市
	富山県	朝日・魚津地区	朝日町・黒部市・魚津市
		有峰地区	富山市
	鳥取県	三朝地区	三朝町
	島根県	島根西部地区	浜田市・津和野町
	愛媛県	愛媛西南地区	宇和島市・鬼北町・松野町
	高知県	四万十川地区	四万十市・土佐清水市・檮原町・四万十町・三原村
	宮崎県	西米良地区	西米良村
2014（平成26）年度	岐阜県	関ヶ原・八幡地区	関ヶ原町・揖斐川町・本巣市・山県市
	山口県	錦地区	岩国市
		川上・旭地区	萩市
	高知県	仁淀川地区	仁淀川町
		吾北地区	いの町
	熊本県	矢部泉地区	山都町・八代市
	大分県	宇目地区	佐伯市

（出典：林野庁のホームページから）

年表　緑資源機構をめぐる入札談合事件の主な動き

１９５５年（昭和30年）
・農地開発機械公団が設立（74年農用地開発公団に改組）

１９５６年（昭和31年）
・森林開発公団が設立。熊野・剣山地域林道の建設を開始。61年水源林造成事業、65年スーパー林道（特定森林地域開発林道）、73年大規模林道（大規模林業圏開発林道）、82年海外農業開発業務、88年農用地総合整備事業――を業務に追加。

１９６１年（昭和36年）
・水源林造成事業を開始。

１９６４年（昭和39年）
・第一次臨時行政調査会が森林開発公団について整理統合を提言。行政管理庁の行政管理委員会が改組もしくは廃止を打ち出す（65年）。

１９６９年（昭和44年）
・大規模林業圏開発構想（新全総）

１９７３年（昭和48年）
・大規模林業圏開発林道（大規模林道）の事業開始。

１９８８年（昭和63年）
・農用地開発公団、八郎潟新農村建設事業団を合併して農用地整備公団に改組

１９９５年（平成7年）
・大規模林道に反対する全国各地の自然保護団体が東京で建設反対の集会を開き、大規模林道問題全国ネットワークを結成（6月）。代表に大石武一・元環境庁長官。山口鶴男総務庁長官が行政監察の実施を同ネットワークに表明。

１９９６年（平成8年）
・総務庁が「契約案件の競争性が十分発揮されていない」と勧告（3月）

1997年（平成9年）

・森林開発公団、原則として公団発注業務について指名競争入札を導入。

・政府、「特殊法人等の整理合理化について」を閣議決定。農用地整備公団と森林開発公団の統合方針。

1999年（平成11年）

・緑資源公団が発足（10月）。

2001年（平成13年）

・「特殊法人等整理合理化計画」が閣議決定。緑資源公団の独立行政法人化が決定。

2003年（平成15年）

・官製談合防止法が施行（1月）。公正取引委員会は発注者に対して改善措置を求めることができる。当時森林業務部次長だった元担当理事が全国8カ所の地方建設部の担当課長を集めた会議で「落札率は93％程度が適切」と発言。一般的に95％以上だと談合を疑われる可能性があるためという。

・独立行政法人・緑資源機構に移行（10月）。農林水産省の「独立行政法人評価委員会林野分科会」は03年度の総合的な事業評価をA評価（もっとも良い）とした。林野分科会は04、05年度についてもA評価とした。06年度はB評価。

2004年（平成16年）

・大規模林道から緑資源幹線林道に名称を変更（10月）。

2006年（平成18年）

・改正独占禁止法が施行。公正取引委員会に犯則調査権を追加（1月）。

・公正取引委員会が緑資源幹線林道（大規模林道）の「地質調査・調査測量設計業務」に関する談合の疑いで緑資源機構本部をはじめ、受注側の6公益法人、民間企業の計50カ所を立ち入り調査（10月31日）。

・特定森林地域協議会が解散（11月）。

2007年（平成19年）

・緑資源機構が入札制度等改革委員会を設置。委員長は理事長、理事全員が委員。入札談合に関与した担当理事も含まれた（1月）。政治団体「特森懇話会」が解散。

・公正取引委員会は行政調査から犯則調査に切り替え、緑資源機構と受注法人に強制調査を開始（4月）。

・大規模林道問題全国ネットワークが林野庁に対して緑資源機構の解体を要請（5月18日）。

・公正取引委員会が受注4法人（林業土木コンサルタ

ンツ、森公弘済会、フォレステック、片平エンジニアリング）を独占禁止法（不当な取引制限）の疑いで検事総長に告発（5月24日）。東京地検特捜部は緑資源機構の森林業務担当理事（同日解任）、森林業務部林道企画課長（同日総務部付）と、4法人の担当者各1人の計6人を逮捕。
・松岡利勝農林水産大臣の地元秘書とされる損保代理店の経営者が熊本県阿蘇市の自宅で首をつって自殺（5月18日）。松岡農相、東京・赤坂の議員宿舎で首つり自殺（5月28日）。元特森協副会長の山崎進一氏（元森林開発公団理事、元森公弘済会理事）が神奈川県横浜市の自宅マンションから投身自殺（5月29日）。
・政府の規制改革会議が第一次答申で大規模林道について、「新規事業を凍結したうえで、着工路線の工事が終了した段階で事業の廃止を決定すべき」（5月30日）
・赤城徳彦農相が就任記者会見で緑資源機構について「廃止の方向」を表明（6月1日）。
・公正取引委員会が緑資源機構元理事、元課長の2人と受注企業の担当者5人を追加告発。東京地検が独占禁止法違反の罪で4法人と7人を起訴（6月13日）。
・農水省が緑資源機構の2007年度での廃止を発表（6月26日）。
・農水省の緑資源機構談合等の再発防止のための第三者委員会が「中間とりまとめ」を公表（7月26日）。
・東京地裁で初公判。緑資源機構の元理事と元課長の2人、4法人と担当者の5人の被告全員が起訴内容を認める（9月12日）。
・東京地裁が4法人と、緑資源機構元理事、元課長の2人と受注企業の担当者5人に有罪判決（11月1日）。
・政府、「独立行政法人整理合理化計画」を閣議決定し、緑資源機構の廃止を正式決定（12月24日）。
・緑資源機構の入札談合再発防止等対策委員会が「調査報告書」を公表（12月25日）。
・公正取引委員会が21法人の入札談合を認定し、07年度内の解散が決まっている2公益法人を除く19法人に独占禁止法に基づく排除措置命令。13法人に計9612万円の課徴金納付命令（12月25日）。

2008年（平成20年）

・独立行政法人緑資源機構廃止法が成立（3月31日）。緑資源幹線林道（大規模林道）廃止に伴って新たに「山のみち地域づくり交付金事業」が創設。各地方自治体の判断で進められることになった。14県で継続。

生き延びる大規模林道

樋口　由美（葉山の自然を守る会）

二〇一三年六月、大規模林道「飯豊・檜枝岐線、一の木線」が開通したというので、車を走らせ、途中「祝開通」ののぼりが立った宿泊施設で大規模林道観光案内のチラシをもらい、山都町まで行ってみた。一九九八年末に真室川・小国線が中止となり、大規模林道事業はその後、「森林開発公団」から「緑資源公団」を経て「緑資源機構」に引き継がれ、さらにその「緑資源機構」は廃止され、独立行政法人の事業としては廃止されていたのだ。それなのに、県の要望ということで国の補助事業として生き延びていたのである。その資金は「山のみち地域つくり交付金」、ソフトタッチなネーミングである。

さてその飯豊・檜枝岐線。その数年前、建設途中にトンネルの手前まで行ったときは、両側を急峻な山に挟まれ、路面には大小たくさんの落石があり、開通したとしても走りたくはない、という印象であった。実際走ってみると、最初にある一キロメートルほどのトンネルを抜けると間もなく、山の中腹を切り開いた曲がりくねった道となった。車を降りて眺めると、見下ろすのが恐ろしいほどの断崖絶壁。そんな山道に一二もの橋が架かっており、集落に着くまでにハンドルを握る手は緊張で汗が滲み、肩が凝りに凝っていた。温泉のある集落で湯につかり、ようやく体をほぐし帰ってきたのだったが……。

その翌月の七月十八日の大雨で同線は土砂崩れ、道路の流出が起こった。当初、復旧に二、三年とのことだったが、いまだにそのめどが立っていない状況らしい。

飯豊・檜枝岐線は全国大規模林道二九路線中、二番目に長い、総延長二二一キロメートルで、一九七八年に着工され、完成に三十五年もかかった。それが開通後たったの一カ月で通行不可になったのである。総延長のうち、最後に完成した区間は全九区間中の一部で、県境を挟んで山形県飯豊町部分八・一キロメートル、福島県喜多方市山都町部分の五・七キロメートルの計一三・八キロメートルに一〇五億円。一メートルあたり七五万円かかったことになる。

大規模林道の建設費用は、国が八五％、県が一〇％、地元五％。五％とはいえ、地元の負担も五億円となるのである。さらに完成後は、維持、管理は地元に移管されることになっており、復旧費用はすべて負担しなければならない。

「たった五％の地元負担」は、大規模林道という公共事業の甘いワナ、その一である。さらに甘いワナその二はその「たった五％の地元負担すら」、県負担分も含めて、公団が「財政投融資資金」から借り入れてくれ、二十五年で返済すればよいというもの（払わなくてもよいというものでもないのに）。

未だに地方では、いや地方だけではなく日本国中が、「不況には公共事業」という神話が払拭できないでいる。まわりを見ると、ダム、ハコモノ、高速道路、新幹線、護岸工事、そしてオリンピックと果てしなく続いている。

たしかに戦後の復興期初期には木材需要がおおいにあり、林業を盛んにするための林道建設は理由のあるところだったろう。

林野庁は一九五六年に特殊法人「森林開発公団」を設立し、特定地域の奥地未開発林を大規模に開発するための林道建設を開始した。当時大型トラックが盛んに作られるようになっていたから、トラックが通れる、公道から連絡する林道となっていた。ただ「森林開発公団法」はその工事のための時限立法だったわけで、工事が終わればそこで消滅するはずのものだった。そのうち、一九六四年公布の「林業基本法」の中で、林道開設が重要項目とされた。

そのころの政府は「池田勇人内閣」。いわゆる「所得倍増」の掛け声のもと一九六二年に「全国総合開発計画」をうちだし、「新産業都市建設法」など「土建国家」への道を走り出したのである。以後、「新全国総合開発計画（新全総一九六九）」「三全総（一九七七）」「四全総（一九八七）」と続いていくことになる。『列島改造論』の田中角栄内閣を経て、中曽根内閣のもとでは「リゾート法」が成立し、バブル経済に突き進みながら土木工事を嵐のごとく推し進めていった。

その「全総」が開始される前、奥地林開発に意欲的だった当時の農林大臣は、その資金としてアメリカの「余剰農産物受け入れ」で発生した見返り円資金というものが降ってわいたため、これを運用して熊野川流域と剣山周辺の林道事業を行なうことにした。その実施主体として林野庁当局は「森林開発公団」を設立した（一九五六）。見返り円資金がなくなると、公団にはそれ以降は補助金として財政投融資資金が投入され続けることになる。その後開かれた「林業問題調査会」で、林道の概念として「森林の経営、管理の道路」から「林業を中心とする総合的な地域開発を推進するための基線としての基幹林道や峰越し林道」と拡大されることになった。「峰越し、多目的」の林道として最初に出てきたのが「特定地域開発林道（スーパー林道）」。ちなみに一九六五年には「山村振興法」も出されている。

「新全総」の中に、「大規模林業圏開発計画」が策定された。一九六九年のことである。それは全国に七つの大規模林業圏を設けて主事業に大規模林業圏開発林道、つまり大規模林道を建設することであった。『森林開発公団三十年史』によると、その事業は次のとおりである。

(1) 国道、県道と連結する大規模林道を主に、中核林道、その他の林道を配置してネットワークを形成し、地域の林業的効果の増大に加え、他産業の開発への誘致、および森林レクリエーション等の整備のための原動力とする。

(2) 低位利用の広葉樹林の林種転換を積極的に推進する大規模計画造林を実施する。

(3) すぐれた自然が保存されている地域の特性を生かし森林レクリエーション活動の営まれる森林の形成、および総合施設を整備する。

(4) 広葉樹の活用と林業生産力の充実進展にあわせた木材の大量安定供給を可能とする流通機構の整備を図り木材関連産業団地の誘導整備など木材関連産業の基盤を整備する。

また、大規模林道については、「山村地域の森林を中心とする開発と、地域格差是正の最適手段として、多目的かつ大規模な林道」とうたっている。

その「大規模林道」、全国にわたって、本線二九、支線三の合計三二路線で、そのうち最長は一六五キロメートルにもなり、八〇キロメートル以上が一〇路線、総延長およそ二二七〇メートル、（大型バスも通行可能な）幅員七メートルの二車線で完全舗装という。スーパー林道とはケタ違いの規模で計画された。総事業費九五五〇億円、およそ一兆円というものだ。それ以降、三十五年にもわたって大規模林道建設工事が人目につかない奥地で、信じがたい規模の自然破壊、古来からの地元の生活を破壊して繰り広げられていくのである。

大規模林道の路線図を見てわかるとおり、多くの部分が一〇〇〇メートル前後の山岳地帯にあり、そのうえ特に北海道、東北、北陸においては豪雪地帯、したがって雪崩常習発生地帯なのだ。積雪期は十二月から五月、したがって半年しか通行できないうえに、先に述べた飯豊・檜枝岐線のごとく崩壊したり亀裂が入ったりなどすれば、延々と復旧、修復工事が必要となってくる。土砂災害も伴って発生する。延々と土木工事を続けるというのか。本来、林業振興のための林道工事ならスギやヒノキの育たないようなところでの道路作りは必要はない、森林のもつ保水力も当然失われ、水源涵養機能は損なわれる。森林レクリエーション活動というなら、森林を、貴重な原生林を修復不能にするようなこの道を作ってはいけなかったのではないか。

何年か前、最上川の土手を散歩していた時のことである。土手は、何年かのあいだに、すべて舗装されたのだが、その工事をしている作業員がいたので、尋ねてみた。「どうしてこんなところを舗装するんですかね」。その作業員はボソッと「そつけな（そんなこと）金使うためだごで……」と言い、私もその人もため息をついた。

本当に何のための、誰のための大規模林道、公共事業なのか。破壊された国土、増え続ける国家の赤字。私たちは、未来の人たちに対する思いやりを忘れてしまったかのようにみえる。もうそろそろ「公共事業」というものの中から、目先の利益ではなく本当の意味で私たちの生活に寄与するものだけを選びとり、私たちの子供たちに何を残すべきかを考える時が来ていると思う。

むすび

加藤彰紀（大規模林道問題全国ネットワーク元事務局長）

私たちが「大規模林道建設」に反対する理由は、
・自然環境破壊
・無駄な公共事業
・公共事業決定過程の不透明さ
・国民不在の林業政策
・自然環境と人間の暮らしのありよう
などなど関わる人ごとにそのとらえ方は多様であった。

一九九五年六月二十四日～二十五日、東京新宿の「日本青年館」を会場に開催された「大規模林道・ダム開発を問う東京集会」を契機に誕生した「大規模林道問題全国ネットワーク」は多様な考え方を抱えながらも、ただ一点、「大規模林道建設反対！」で結集した全国組織であった。

集会に参加した初代環境庁長官大石武一さんは「各地バラバラでやっているようなことでは勝てない。全国的な組織をつくることが必要。みんな意見を出し合い、実現するよう努力をしよう」と訴えた。集会後その訴えに応えて、大石武一さん、藤原信さん（宇都宮大学名誉教授）、河野昭一さん（京都大学名誉教授）を代表委員に「大規模林道問題全国ネットワーク」（以下、全国ネットと略す）は結成された。

全国ネット結成後に力を注いだのは「林野庁」への直接的な働きかけであった。大規模林道建設を進める地元は「県や国の意向」と言い、県や国は「地元の意向」と逃げ回る悪循環を断ち切るためには直接地元住民の声を国＝林野庁に届ける必要があると考えたからであった。

直接交渉の場には必ず国会議員に立ち会っていただいたが、林野庁は言質を与えまいと言を左右に逃げ回るのが常であった。そのため、私たちは「大規模林道問題」を林野庁にとどまらず総務庁、環境庁にも要望書を提出。後には予算の問題から大蔵省にも要望書を提出したが、のれんに腕押しであった。

そんな状況を大きく動かしたのが、九六年に北海道の堀達也知事が取り入れた「時のアセスメント」であった。九七年一月の知事年頭あいさつで「時のアセスメント」実施を表明。大きな注目を集め、その年の「新語・流行語トップテン」を受賞した。また、開発事業主体や開発事業の所管官庁が恣意的な環境アセスを行なうなど問題は多かったが、その年六月「環境影響評価法」（環境アセスメント法）が成立し、十二月には橋本首相が「時のアセスメント」導入を表明するなど、「環境問題」に対する国民の意識は大きく変わっていった。

こうした変化に抗しきれなくなった林野庁は九八年四月、大規模林道事業「再評価実施要領」を作成。私たちはすぐさま林野行政と環境行政の完全統合を求めるとともに「再評価実施要領」の運用に関して再評価委員会にNGOの参画を求め、事業主体である森林開発公団（後の緑資源機構）が資料作成を行なうことへの疑問、現地調査を行なわないことにも疑問を呈した。

九月にスタートした「再評価委員会」は、北海道の様似—えりも区間と山形県の朝日—小国区間において現地調査を実施、地元関係者からの意見聴取も行なわれ、十二月十五日には、朝日—小国区間の中止と様似—えりも区間、飯豊—檜枝岐区間の休止を答申した。そして、答申直前の十二月十一日には、推進派の首長、私たち全国ネットと林野庁長官との対談が別々に行なわれた。これは私たちが単なる申し入れ活動に終わらせることなく、各地で現地調査などの多彩な行動を展開したことや、岩垂寿喜男元環境庁長官はじめ国会議員諸氏の努力によって実現したものである。私たちは継続的な話し合いの場を望んだが、長官の交代などによって実現することはなかった。

議事録が作成され公開されたとは言え、密室で行なわれた「再評価委員会」は国民の税金を湯水のごとく使う森林開発公団の体質を何ら変えることはなかった。その結果、後身の緑資源機構は「官制談合」によって自ら滅ぶ道をたどったのである。その背景に、全国ネットに参加する各地の自然保護団体の取り組みがあったことは言うまでもない。河野昭一代表委員による度重なる現地調査は大規模林道の正体を暴き、広島のみなさんの長年にわたる地道な調査活動は林野庁、緑資源機構の嘘を白日の下に曝した。情緒によらず科学的調査によって追い詰められ、解体を決断せざるを得なかったのである。大規模林道事業がいかに自然「破壊」をしているか、災害が起これば真っ先に壊れる「無用の長物」であること、「無駄な公共事業」であり、林業政策不在の「開発」行為であることを現地調査によって明らかにし、発信。そうした情報が多くの人々の目に触れたからこそ「中止」せざるを得なかったのである。

緑資源機構の解体、消滅によって全国ネットは一応の使命を終えたが、「大規模林業圏構想」と「大規模林道事業」が消滅した訳でない。多くの赤字を抱える林野庁、補助金という公金に群がる自治体などは様々な形で「公共事業」の仮面を被った「自然環境破壊」をこれからも行なうだろう。

少し余談になるが、私は二〇〇六年に定年退職とともに長野県の農村に移り住み、八年間暮らしたが、そこで目にしたのは、〇〇年度 克雪生活圏整備事業、〇〇年度畑作高度営農団地育成事業格納庫、〇〇年度豪雪地帯振興事業、〇〇共同駐車場、〇〇地区高齢者等支え合い拠点施設、〇〇年度 第三期山村振興農林漁業対策事業、〇〇多目的集会施設、〇〇年度特別農山村組合対策事業協同作業所……、などのおびただしい「補助金事業」だった。どれも厳しい雪国での暮らしや農業を営むのに欠かせない事業で、手厚い事業は農村の人々を元気にし、豊かにしているものと思った。しかし、赤さびて放置されている大型機械、人口減少に歯止めがかからず、「人口減少は止められない、仕方のないこと」と公言してはばからない村長、村民の切実な願いに対しては「制度がないから仕方がない」とする補助金頼りの行政だった。霞が関が考えた机上プランの要件を満たせば補助金が交付され、財政力の無い村はそれに飛びつく。なければ「仕方がない」で済ます。これまでのいろいろの交付金事業はなんだったのか？　交付金事業の上に立って暮らしやすい村づくりがなされるのではなかったのか？　交付金が役に立っていない。生きていない。

それどころか「役場がしてくれないから」「役場はしてくれてもいいのに」と暮らし難い原因を自らの力で克服することなく行政のせいにする姿であった。

交付金事業がどうなったのか検証するシステムはないようである。わずかに会計検査院の検査があるだけである。補助金事業にどっぷり浸かった人たちは、役場や村長がいかに補助金事業を持ってくるか。それに代わる制度をいかに作ってくれるかに関心が向く。これでは合併によらず自立の道を選んでも絵にかいた餅に終わってしまう。議会も村の将来像を持たず、発言力の強いものが無理を通す。予算の分捕り合戦。その結果、議会としてのチェック能力を失う。そんな構図をまのあたりにした。

私たちは真に豊かな暮らしを実現するには経済的豊かさだけでなく、自然と共に生かされる心の豊かさも必要と思う。

安心、安全な食物は豊な自然が生み出す。全国ネットに参加した人たちの中に、安全、安心な食物を作ることに心を砕いた人たちがいた。彼らの作る農産物は自然の恵みを多くの人たちに届けることだ。

環境問題に取り組むことは一市民として当然のことだが、大規模林道に反対したことで不当な配転を受けた人もいた。彼は多くの人々と共にその不当性を問い、「役場職員であっても一市民として環境問題に取り組む」自由を認めさせた。公務員が権力におもねず、公僕としてその思うところを貫くことが出来るとても大切な事柄が、私たちの闘争の陰にあったことも記しておきたいと思う。

「大規模林道反対闘争」は環境問題にとどまらず、一人ひとりがこれからの社会をどう生きていくのか、自立するとはどういう事なのかを問う闘いでもあったのではないだろうか。

大規模林道問題年表

一九五六年（昭和三一年）
4・27　森林開発公団法公布。
7・16　森林開発公団設立。

一九五九年（昭和三四年）
3月　関連林道事業を公団の所管事業とする公団法改正。

一九六一年（昭和三六年）
林業基本問題調査会第二次中間報告基幹林道・峰越し林道推進を盛り込む。
11月　第一次臨時行政調査会（臨調）設置。

一九六二年（昭和三七年）
10・5　第一次全国総合開発計画（全総）閣議決定。

一九六三年（昭和三八年）
1月　旧公団林道事業完了。

一九六四年（昭和三九年）
7・9　林業基本法公布。（林道開設が重点項目となる）
9月　第一次臨調、「行政改革に関する意見」を答申。森林開発公団について整理統合を提言。

一九六五年（昭和四〇年）
5月　行政管理委員会設置。
5・11　山村振興法公布。

一九六六年（昭和四一年）
臨時行政調査会、公団等の整理統合を答申。

一九六七年（昭和四二年）
行政管理委員会第一次意見書、「森林開発公団」の廃止意見提出。

一九六九年（昭和四四年）
5・30　新全国総合開発計画（新全総）閣議決定。大規模林業圏開発計画策定。

岩手県北上山系地域、大規模畜産開発プロジェクト地域に選定される。

一九七〇年（昭和四五年）

第三期北海道総合開発計画策定。先導的開発事業として大規模林道事業を位置付ける。

林野庁、青森、岩手の六一市町村にまたがる一三三万ヘクタールを大規模林業圏基本計画調査地域に指定。

12月 行政管理委員会第二次意見書、「森林開発公団」の廃止方向提出。

一九七二年（昭和四七年）

高知県、愛媛県、「大規模林業圏開発実施計画調査書」作成。

一九七三年（昭和四八年）

1月 大雪と石狩の自然を守る会（当時、旭川大雪の自然を守る会）大規模林業圏開発計画への取組みを表明。[北海道]

大規模林業圏開発林道（大規模林道）事業策定。公団の所管事業となる。

大規模林道六路線（八戸―川内＊、若桜―江府、日野―金城＊、波佐―阿武、粟倉―木屋原＊、東津野―城川＊）が政令指定され、四路線（＊印）着工。うち、東津野―城川線のみ一九九六年度完成。

3月 山形県、福島県、「大規模林業圏開発基本計画調査報告」作成。

一九七五年（昭和五〇年）

6月 北海道・旭川で「大規模林業圏開発計画反対全道集会」開催。

一九七六年（昭和五一年）

8月 第六回全国自然保護大会（札幌）、大規模林業圏開発計画反対を採択。関係九団体が大規模林業圏開発全国会議を結成［北海道］。

一九七八年（昭和五三年）

6月 北海道、大規模林業圏の見直しを表明。

一九八〇年（昭和五五年）

12・5 第二次臨時行政調査会（土光臨調）設置。

一九八三年（昭和五八年）

3・14 土光臨調、最終答申。大規模林道の見直し、新規着工見合わせの指摘事項。

一九八四年（昭和五九年）
大規模林道事業見直し、一九路線で二〇八・七キロの短縮、一四路線で幅員縮小（七メートル→五メートル）を行なう。

一九八六年（昭和六一年）
3月　「葉山の自然を守る会」（代表＝飯沢実、原敬一）結成［山形］。

一九八八年（昭和六三年）
3月　「小国の自然を守る会」（代表＝助川暢）結成［山形］。

一九八九年（平成一年）
12・9　「博士山ブナ林を守る会」（会長＝菅家博昭）結成［福島］。

一九九〇年（平成二年）
3月　「自然と環境を守る会津方部連絡会」（代表＝五十嵐健蔵）［福島］。
スーパー林道事業完了。
3月　大規模林道真室川・小国線（朝日―小国区間）の白鷹工区ストップ［山形］。

一九九一年（平成三年）
6・16　「岩波ブナの会」会津・博士山ブナ林見学会実施。鳥類学者長谷川博氏ほか三〇名参加。
6月　福島・「博士山イヌワシ調査会」発足。
福島県の大規模林道飯豊・檜枝岐線の保安林解除に反対する「異議意見書」署名運動はじまる。
11月　第四回森と自然を守る全国集会［奈良］、「林道問題」分科会設けられる。これを契機に、山形・福島の仲間が「林道問題ネットワーク」を結成。

一九九二年（平成四年）
4月　福島県昭和村、「博士山リゾート開発審議会」への公金支出違法の住民監査請求を認める。
6月　ブラジル地球サミット。地球温暖化問題、生物多様性問題、森林原則声明合意。
11月　第五回森と自然を守る全国集会［米沢市］。

一九九三年（平成五年）
6・26〜27　第一回大規模林道問題全国ネットワークの集い（山形県長井市）。
福島県の博士山でイヌワシのふ化と巣立ちを確認。（以後の繁殖確認ナシ）
3月　立山連峰の自然を守る会等、富山市の「ゆとりの森整備事業」の差止めを求めて提訴（呉羽丘陵訴訟)。

一九九四年(平成六年)

6・25〜26 第二回大規模林道問題全国ネットワークの集い[福島県会津若松市]。

10・26 大石武一元環境庁長官、福島の大規模林道を視察。

10・30〜31 草川昭三代議士、山形の大規模林道を視察。

11・27 大石武一元環境庁長官、山形の「林道問題シンポジウム」に参加、大規模林道を視察。

林野庁、『民有林林道事業における希少な鳥類マニュアル』策定。

一九九五年(平成七年)

1・27 「東京集会」第一回準備会開催。

6・10〜11 福島・山形の大規模林道現地調査。東京より新聞記者ら一五名参加。

6・24〜25 第三回大規模林道問題全国ネットワークの集い『大規模林道・ダム開発を問う東京集会—緑のダムで地球と暮らしを守ろう』開催[東京千駄ヶ谷日本青年館]。「大規模林道問題全国ネットワーク」結成。

6・26 林野庁・環境庁・総務庁に「申し入れ」を行なう。山口鶴男総務庁長官、大規模林道事業の行政監察実施を明言。

7・20 福島県の広域基幹林道問題で林野庁、環境庁、福島県に申し入れ。

9・11 「生物多様性国家戦略」で村山首相に申し入れ書提出。

9・16 山形県の大規模林道問題の現地調査と山形県環境基本計画策定に関する要望書を総務庁、環境庁、林野庁、山形県に提出。

9・19 環境庁、「生物多様性国家戦略」修正方針説明会開催。

10月 岩手県の北上山地で、クマゲラ写真撮影される。

11・2 福島県の国有林貸与問題で林野庁に申し入れ。

11・3 会津若松市内でイヌワシの亜成鳥衰弱死。

11・12 京都府の丹波広域基幹林道現地調査。

11・18 生物多様性フォーラム開催。[東京・市ケ谷自動車会館]

12月 岩手「早池峰の自然を考える会」発足。

12・26 山形県・福島県・京都府の大規模林道、広域基幹林道の諸問題で林野庁に申し入れ。

一九九六年(平成八年)

2・17 緑の山形県民会議、白鷹工区の代替ルート公表。

3月　林野庁、「大規模林業圏開発林道総合利用調査報告書」作成。自らの調査で利用されていないことが判明。

5・17　岩垂環境庁長官に大規模林道問題、奄美大島ゴルフ場問題、三番瀬問題などで申し入れ。大石武一元環境庁長官出席。

6・9　丹沢ブナ党、「水無堀川林道反対集会」開催。大石武一代表委員参加。［秦野市］

6・30　岡崎トミ子、高見裕一両代議士（衆議院環境委員）、社民党山形県議、作家・猪瀬直樹氏等大規模林道視察。［山形県白鷹町・朝日町］

7・6〜7　第四回大規模林道問題全国ネットワークの集い［北海道旭川市］。大規模林道現地調査。

8月　環境庁、『猛禽類保護の進め方』策定。

8・8　高橋和雄山形県知事、大規模林道初視察。

8・19　佐高信氏講演『大規模林道は要らない』［山形県白鷹町］。

8・29〜9・1　河野昭一京大名誉教授、葉山・小国［山形県］のブナ林調査。

8・31〜9・1　渓の会、朝日―小国工区のブナ観察釣行会実施。

9月　岩手県の大規模林道（川井―住田線）予定地近くで「クマゲラのフン発見」と新聞報道。

9・24　山形県、「大規模林道に係る調整協議会」発足。委員一八名中、自然保護団体四名。

10・19〜20　立山連峰の自然を守る会二五周年集会。アルペンルート現地調査。

10月　呉羽丘陵訴訟、第一審一部勝訴判決。

11・21〜22　岩手県の大規模林道現地調査。

12・5　「大規模林道に予算をつけるな」と、初めて大蔵省に申し入れ。

12・5　山形・福島・岩手の大規模林道問題で林野庁、環境庁、総務庁に申し入れ。

12・14　山を考えるジャーナリストの会、シンポジウム開催。基調講演・岩垂前環境庁長官［長井市］。

12・16　紺野貞郎白鷹町長、白鷹工区の工事断念を表明。

12・20　林野庁、大規模林道三区間の「工事休止」を公表（山形・朝日―小国、福島・山都、北海道・様似―えりも）。

12・21　環境問題と訴訟問題の勉強会開催。北海道、福島、富山、埼玉より参加。

一九九七年（平成九年）

1月　森林開発公団、大規模林道「飯豊・檜枝岐線新鶴―柳津区間環境アセスメント調査報告書」縦覧。博士山ブナ林を守る会「意見書」提出。

3月　猪瀬直樹氏、『日本国の研究』文芸春秋社より刊行。
3月　「環境アセスメント法案」検討市民連絡会発足。
5・22　岩手県、「'97土砂災害危険箇所マップ」発行。大規模林道予定地のタイマグラ沢「土石流危険渓流」と表記。
6・9　大規模林道朝日―小国区間（朝日工区）クマタカ検討委員会希少猛禽類報告書をまとめる。クマタカの生息に影響あるも事業の是非を問わず。
6・29　「環境影響評価法」（環境アセスメント法）成立。
7・18　山形県の大規模林道に係る調整協議会より、自然保護団体脱退決定。
7・26〜28　葉山の自然を守る会、黒鴨林道の環境調査実施。藤原信ネットワーク代表・調査指導。
8・1〜2　岩手県、大規模林道川井―住田線現地調査。藤原信ネットワーク代表、井口博弁護士等参加。
8・15〜19　自民党三代議士、山形・福島の大規模林道を視察。
8・20　河野昭一京大名誉教授、葉山・小国（山形県）のブナ林調査。
　山形・葉山の自然を守る会、『ブナ帯からの反撃』刊行。
8・22〜24　第5回大規模林道問題全国ネットワークの集い［富山県富山市］。大規模林道現地調査。
9・17　朝日工区の環境アセスメント報告書縦覧開始。
10・5　葉山の自然を守る会、環境アセスメント報告書に対する意見書を森林開発公団に提出。
10・14　大規模林道飯豊―檜枝岐線、米沢―下郷線予定路線の環境アセスメント実施の署名八千二百余を林野庁に提出。
10・29　大規模林道朝日―小国区間の問題で、大蔵省、総務庁、環境庁、林野庁へ申し入れ。草川昭三代議士同席。
11・1　大湯満郎さんとの葉山登山。
11・7　山形県、大規模林道に係る調整協議会第六回（最終回）会議、黒鴨林道代替ルート答申。
11・26　衆議院決算委員会で、草川昭三委員が国有林野事業に関連して大規模林道朝日―小国区間のやり直し工事を取り上げる。
11・28　山形県知事、林野庁に黒鴨林道代替ルート実現、休止解除の要望書提出。長官、早期再開は困難と回答。
12月　森林開発公団、岩手県川井・住田線横沢区間の希少猛禽類生息調査開始。
12月　橋本首相、「時のアセス（公共事業の再評価システム）」導入を表明。

12月　林野庁林政審議会、「林政の基本方向と国有林野事業の抜本的改革」を答申。森林の公益的機能重視への転換を掲げる。

12・13　山形県長井市で「市民アセス報告会」開催。「藤原信ネットワーク代表、大規模林道崩壊の序章と警告」。

12・15　朝日工区の希少猛禽類報告書、日本自然保護協会立ち会いのもとで自然保護団体に公開。

12・16　日本自然保護協会横山隆一保護部長、山形県庁記者クラブで会見。意見書提出の意向を表明。

一九九八年（平成一〇年）

1・30　藤原信ネットワーク代表、「国有林再生の道環境『省』に移して守ろう!」を提言。〔『週刊金曜日』〕

3・7　山形県長井市で「市民アセス報告会」開催。河野昭一京大名誉教授、小国、葉山のブナ林は世界的にも貴重と報告。

4月　林野庁、「大規模林道事業再評価実施要領」作成。

6・22　日本自然保護協会、「大規模林道と時のアセスのあり方に関する意見書」を首相、林野庁長官に提出。

7・13　林野庁、再評価区間八カ所を公表。

9・12〜13　第六回大規模林道問題全国ネットワークの集い〔福島県・柳津町〕。大規模林道現地調査。

9月　大規模林道事業再評価委員会スタート。

10月　国有林野事業の累積債務の一般国債への振替え法案可決。

10月　大規模林道事業再評価委員会二区間（様似―えりも、朝日―小国）の現地調査、地元関係者より意見聴取。

12・11　林野庁長官、大規模林道反対のNGOおよび推進派首長と対談。

12・15　大規模林道事業再評価委員会答申。

12・18　林野庁、大規模林道二区間（朝日―小国）の中止、二区間（様似―えりも、山都）休止を決定。

一九九九年（平成一一年）

2・24　呉羽丘陵訴訟控訴審、名古屋高裁金沢支部原告全面敗訴の不当判決。

3・7　葉山の自然を守る会、山形県長井市において大規模林道阻止闘争勝利集会を開催。

6月　「環境影響評価法」（環境アセスメント法）施行。

6・15　林野庁、九九年度の大規模林道事業の再評価区間一四カ所を公表。

7・6　再評価委員会に「公開質問状」提出。

7・6　九九年度第一回大規模林道事業再評価委員会。
7・27　九九年度第二回大規模林道事業再評価委員会。
8・28〜29　第七回大規模林道問題全国ネットワークの集い［山形県小国町］。
10月　森林開発公団と農用地整備公団を統合し緑資源公団が発足。

二〇〇〇年（平成一二年）

3月　岩手大学人文社会科学部の井上博夫教授ら「大規模林道川井・住田線横沢─荒川区間の費用対効果分析」を発表。
9・30〜10・1　第八回大規模林道問題全国ネットワークの集い［岩手県宮古市］。

二〇〇一年（平成一三年）

10・6〜7　第九回大規模林道問題全国ネットワークの集い［広島県広島市］。
12・21　林野庁「大規模林道事業における再評価結果について」発表。継続五区間、計画変更四区間。

二〇〇二年（平成一四年）

8月　林野庁長官、「特殊法人等整理合理化計画」により「大規模林道事業の整備のあり方検討委員会」を設置。大規模林道事業の新規着工を凍結。
11・16〜17　第一〇回大規模林道問題全国ネットワークの集い［愛媛県松山市］。
12月　緑資源公団、独立行政法人緑資源機構に改編決まる。
12・24　林野庁「大規模林道事業の期中評価結果」発表。休止一区間、継続六区間。

二〇〇三年（平成一五年）

6・14〜15　第一一回大規模林道問題全国ネットワークの集い［山形県長井市］。
8・9〜10　北海道・日高地方で台風一〇号による厚別川氾濫があり、大規模林道、平取・新冠区間に甚大な被害。
10・1　緑資源公団を解体し独立行政法人緑資源機構設立。
10・19　大規模林道問題全国ネットワーク代表、大石武一氏死去（九四歳）。
12・18　林野庁「大規模林道事業の期中評価結果」発表。計画変更一区間、継続四区間。

二〇〇四年（平成一六年）

1月　大雪と石狩の自然を守る会・十勝自然保護協会・ナキウサギふぁんくらぶ・北海道自然保護協会・北海道自然保護連合が札幌に集まり「大

2月　規模林道問題北海道ネットワーク」を結成。
　大規模林道事業の整備のあり方検討委員会、「七区間は事業実施取りやめ、一三区間は計画の一部変更の上整備の実施」を答申。
8・31　林野庁「大規模林道事業の期中評価結果」発表。計画変更二区間、継続七区間。
10・12～13　第一二回大規模林道問題全国ネットワークの集い（東京、日本教育会館）。
10月　大規模林道から緑資源幹線林道に名称を変更。

二〇〇五年（平成一七年）

6・25～26　第一三回大規模林道問題全国ネットワークの集い（北海道札幌市）。
8・31　林野庁「大規模林道事業の期中評価結果」発表。継続四区間。
11月　岩手県の大規模林道路線、北部の八戸―川内線完成。

二〇〇六年（平成一八年）

4月　「細見谷渓畔林地域を西中国山地国定公園の特別保護地区への指定を求める」緊急署名を広島県、環境省へ提出。
5・13　細見谷大規模林道建設の是非を問う住民投票を実現する会結成（代表　金井塚務）。
6・10～11　第一四回大規模林道問題全国ネットワークの集い［広島県広島市］。
8・18　廿日市市議会、「細見谷林道工事の是非を問う住民投票条例」を否決。
8・31　林野庁「大規模林道事業の期中評価結果」発表。計画変更二区間、継続四区間。

二〇〇七年（平成一九年）

4・19　緑資源機構発注の大規模林道測量コンサルタント業務を巡る官製談合事件で、公正取引委員会が機構本部などを強制捜査。
5・18　大規模林道問題全国ネットワーク、「緑資源機構の解体を求める声明」を出し、林野庁に申し入れ。
5・24　東京地検特捜部、緑資源機構理事ら六人を逮捕。
5・28　松岡利勝農水大臣自殺。
7・28～29　第一五回大規模林道問題全国ネットワークの集い［福島県会津美里町］。
12月　独立行政法人整理合理化計画により緑資源機構の廃止が決定。

二〇〇八年（平成二〇年）

4・1　独立行政法人緑資源機構を廃止。緑資源幹線林

道事業の一部は独立行政法人森林総合研究所（森林農地整備センター）に移管。大規模林道事業は「山のみち地域づくり交付金事業」となる。

6月　大規模林道問題北海道ネットワーク、北海道知事に対し七項目の質問書を提出、話し合いを持つ。

9・6〜7　第一六回大規模林道問題全国ネットワークの集い〔広島県広島市〕。当集会にて大規模林道問題全国ネットワークは、日本森林生態系保護ネットワークに合流、改組。

9・12　廿日市市の大規模林道（緑資源幹線林道）大朝鹿野線戸河内吉和区間における西山林業組合に課せられた受益者賦課金の助成を違法として住民監査請求を起こす（原告代表、金井塚務）。

12・2　廿日市市に対する住民監査請求の棄却（11月7日）を受けて広島地裁に提訴。

二〇〇九年（平成二一年）

11・12　高橋はるみ北海道知事、道内の大規模林道事業の全路線の中止を表明。

11月　岩手県の大規模林道路線、南部の川井―住田線完成。

二〇一一年（平成二三年）

2・3　博士山ブナ林を守る会、福島県議会に「自然林の保全とやまの道（旧大規模林道）事業中止の陳情書」を提出。

3・11　東日本大震災。

4・1　林野庁「大規模林道事業の完了後評価結果」発表。対象二区間。

二〇一二年（平成二四年）

1・19　広島県、細見谷渓畔林を縦貫する大規模林道、大朝・鹿野線二軒小屋―吉和西工事区間の建設を断念すると発表。

3・21　細見谷渓畔林訴訟（公金違法支出損害金返還請求事件）おいて請求棄却の判決。

4・6　林野庁「大規模林道事業の完了後評価結果」発表。対象一区間。

二〇一三年（平成二五年）

5・15　林野庁「大規模林道事業の完了後評価結果」発表。対象一区間。

7・31　博士山ブナ林を守る会、山形県知事宛に「やまの道等への公金支出の法的根拠について」質問状を提出。

[執筆者一覧]

原　敬一（はら　けいいち）	葉山の自然を守る会代表（山形県白鷹町）
新野裕子（にいの　ゆうこ）	葉山の自然を守る会事務局長（山形県白鷹町）
寺島一男（てらしま　かずお）	大雪と石狩の自然を守る会代表（北海道旭川市）
奥畑充幸（おくはた　みつゆき）	早池峰の自然を考える会代表（岩手県宮古市）
東瀬紘一（とうせ　こういち）	博士山ブナ林を守る会会長（福島県会津美里町）
増田準三（ますだ　じゅんぞう）	元立山連峰の自然を守る会（富山県富山市）
金井塚努（かないづか　つとむ）	広島フィールドミュージアム代表（広島県廿日市市）
西原博之（にしはら　ひろゆき）	愛媛自然研究会（愛媛県松山市）
臺　宏士（だい　ひろし）	フリーランス・ライター／『ルポ・東北の山と森』他
樋口由美（ひぐち　ゆみ）	葉山の自然を守る会（山形県白鷹町）
加藤彰紀（かとう　あきのり）	大規模林道問題全国ネットワーク元事務局長（千葉県市川市）

編集協力者

堀田正人（ほった　まさと）	リバークラブ（東京）
柴田郁代（しばた　いくよ）	リバークラブ（東京）b

[編著者]

『検証・大規模林道』編集委員会
［連絡先］〒992-0773　山形県白鷹町高玉 4063　原　敬一宛
Tel 0238-85-1392

検証《けんしょう》・大規模林道《だいきぼりんどう》

2016 年 7 月 31 日　初版第 1 刷発行　　定価 2500 円＋税

編　者　『検証・大規模林道』編集委員会 ©
発行者　高須次郎
発行所　緑風出版
〒113-0033　東京都文京区本郷 2-17-5　ツイン壱岐坂
［電話］03-3812-9420　［FAX］03-3812-7262［郵便振替］00100-9-30776
［E-mail］info@ryokufu.com［URL］http://www.ryokufu.com/

装　幀　斎藤あかね
制　作　R 企 画　　印　刷　中央精版印刷・巣鴨美術印刷
製　本　中央精版印刷　　用　紙　中央精版印刷・大宝紙業　　E1000

Printed in Japan　　ISBN978-4-8461-1613-2　C0036